JN187635

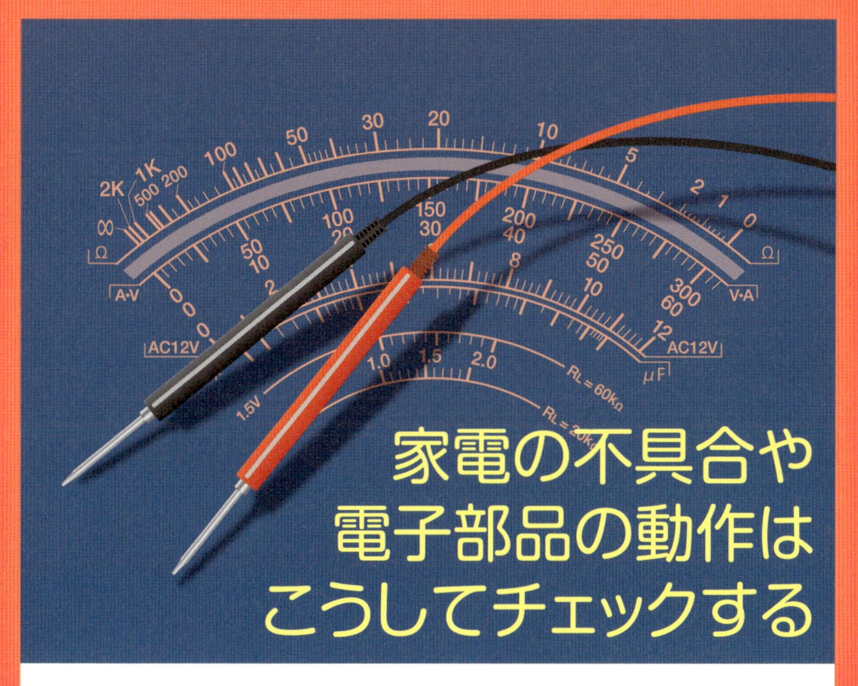

家電の不具合や
電子部品の動作は
こうしてチェックする

テスターの職人技

市川 清道 著

技術評論社

CONTENTS：目次

Part 3［上級編］
電子部品とテスター

Part 4［番外編］
その他の計測器など

Column

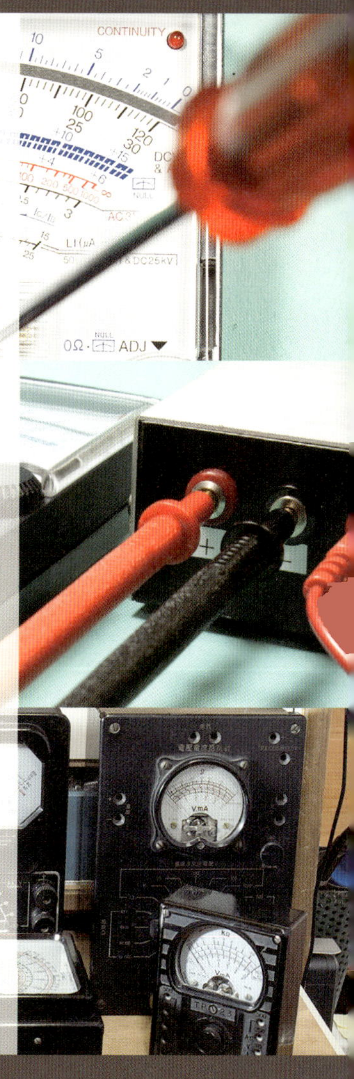

特集

歴史に刻みたい！

レトロなテスター名品ミュージアム

今でこそ電気関連の開発、施工の現場ではデジタルテスターが主流ですが、かつて活躍していたレトロなアナログテスターには、精巧な技術に裏打ちされた電気技術者の熱い思いまでが感じられるようです。ここでは、そんな工芸品ともいえそうな往年の名器の中から7台を厳選してご紹介します。

テスター提供・撮影協力：岡田圀昭

1944 ANRITSU T-400

DCV	2.5、10、25、100、500、1000
ACV	2.5、10、25、100、500、1000
DCmA	1、5、25、100、500
Ω	×1、×10、×100、×1000

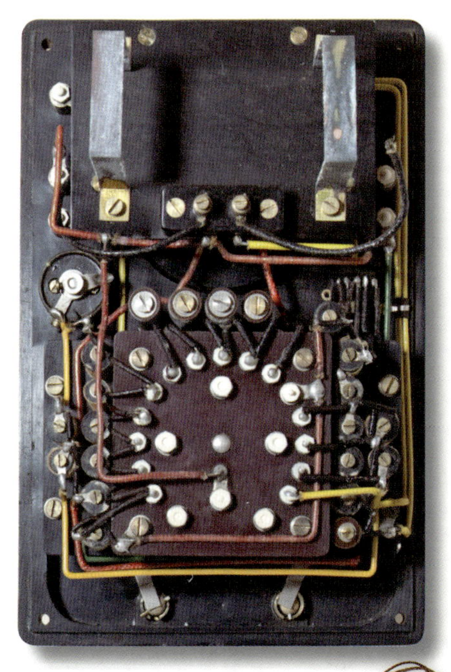

1944年（昭和19年）、戦時中の安立電気製です。当時はラジオがそうであったように、テスターも同じ型が複数のメーカーで作られていたようです。写真のテスターはラジオ店で使われていたようですが、当時のラジオ店は単なる販売店ではなく、店主は町の第一線に立つ電気技術者でもあったことが伺われます。戦況がひっ迫していた時代にもかかわらず、内部の作りはネジ1本、絶縁チューブ1本に至るまで電子部品本来の美しさを今に留めています。ラジオが戦況を国民に伝える重要な役目を担い、それを支えるテスターは兵器に準ずる重要な立場にあったのかもしれません。実測値を記した手書きの検査票が添えられています。

検査票

DCV	2.5、10、50、250、500、1000
ACV	2.5、10、50、250、500、1000
DCmA	1、5、25、100、500
Dc μ A	50
Ω	×1、×10、×100、×1k

1950年（昭和25年）頃の島津製作所製。日本電信電話公社仕様。

終戦間もない頃、まだ物資が不足していた時代の製品とは思われない品質の高さが外観からも伝わってきます。整然と配置された内部構造からは美しささえ感じられます。メーターはフルスケール50μA（20kΩ/V）が搭載されています。敗戦間もない時期にもかかわらず、モノ作りニッポンの復興を目指す当時の技術者の意気込みが伝わってくる一品です。

1953 KOKUSAI TP-23

DCV	10、50、250、500
ACV	10、50、250、500
DCmA	1、100、250
Ω	×10k、×100k

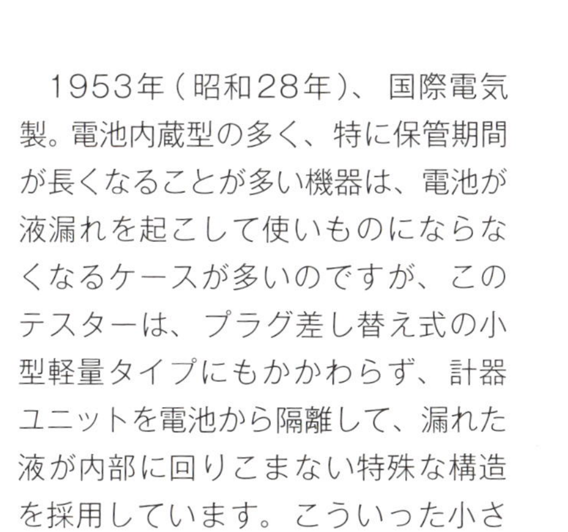

1953年（昭和28年）、国際電気製。電池内蔵型の多く、特に保管期間が長くなることが多い機器は、電池が液漏れを起こして使いものにならなくなるケースが多いのですが、このテスターは、プラグ差し替え式の小型軽量タイプにもかかわらず、計器ユニットを電池から隔離して、漏れた液が内部に回りこまない特殊な構造を採用しています。こういった小さな、しかし重要な配慮は、普通のメーカーには簡単にできそうでなかなかできないものです。

1957 SANWA 300-BTR

DCV	0.5、2.5、10、50、250、500、1000
ACV	2.5、10、50、250、500、1000
DCmA	0.05、2.5、25、250
Ω	R、10R、100R、1000R
電池	単三×4、単二×1

1957年（昭和32年）サンワ製。

洗練された近代的なデザインをこのテスターの表情に見ることができます。構造的には、ロータリースイッチと一体になった基板が使われ、巻き線型抵抗に代わって量産可能な（製造が容易という訳ではないはずですが）カーボン抵抗が主に使われています。部品配置は整然としています。抵抗値測定の際の電流値が読み取れるLI目盛りを付けるなど、真空管から半導体へと流れが変わりつつある時代の変化が見て取れます。

DCV	2.5、10、25、100、250、500、1000、2500
ACV	2.5、10、25、100、250、1000、2500
DCA	50μ、250μ、1m、10m、100m、1、10
ACA	100m、1、2.5、10
Ω	2.5、2000、200k、20M、200M
電池	単一×1、B121/15V

写真は1958年製、テスターを最初に作った英国Automatic Coil Winder社製のAVOメーター。AVO（アボ）はAmps、Volts、Ohmsに由来しています。大型にして重厚、内部構造は入り組んで複雑な作りですが、これにより大きなAC電流も測定可能とするなど、電気技師の作業現場に必要となる高度な機能を達成しています。AC測定回路は整流器の特性を補うため、トランスを組み込むことでAC目盛りとDC目盛りを一致させるなど、凝った作りです。マグネットアジャスター機構を持っていて、メーターの感度を補正可能にしています。DCレンジとAC＆Ωレンジと高圧測定端子が独立している点にも特徴があります。

1972 YEW 3201

DCV	0.3、1.2、3、12、30、120、300、1200
ACV	3、12、30、120、300、1200
DCmA	0.012、0.12、1.2、120、1200
Ω	×1、×100、×10k
使用電池	単一×1

外観も内部もシンプルで使いやすいレンジ配分。しかも内部抵抗100kΩ/V、フルスケール10μAの高感度なメーター。少なくとも40年以上に渡り製造されており、現在も横河メータ&インスツルメンツ株式会社から販売されています。

1972 DDR MTM-3

DCV	100mV、2.5、10、50、100、250、1000
DCmA	50μ、250μ、2.5、25、1A、2.5A
ACV	2.5、10、50、250、500、1000
ACmA	2.5、25、250、2.5A
Ω	×1、×100、×1000
使用電池	単三×1

日本のテスターとは一味違ったコンセプトを持つ旧東ドイツ製テスター。ロータリースイッチとパネル面の色分け表示や、テスターを手元に置いて、細かい目盛りを読む実作業の姿勢を考えると、このデザインは単なる奇抜を狙ったものではなく、理にかなったデザインなのかもしれません。

Part 1

基礎編

初めてのテスター

ここでは、初めてテスターを手にする人を中心に、テスターに関する素朴な疑問を解消しましょう。デジタルとアナログの違いや基本的な注意事項、とにかく使ってみるための簡単な測定事例などをまとめています。まずは基礎編から。

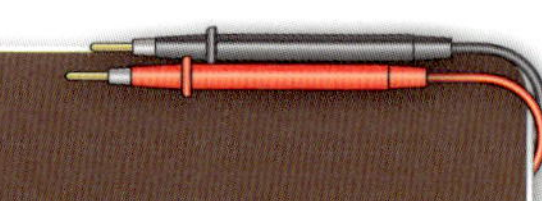

学ぶ

1-1 アナログテスターとデジタルテスター

基本機能と付加機能

寸法を測るには物差しが必要で、重さを測るには秤が必要なように、電気を測るには電気計測器が必要です。テスターは最も基本的な電気計測器です。テスターには、針で測定値を示してくれるアナログテスターと、数字で測定値が表示されるデジタルテスターがあります。

テスターの基本機能は、直流電圧（DCV）、交流電圧（ACV）、そして抵抗（Ω）の計測です。どんなテスターでも、この三つの基本機能は備えています。

これに加え、直流電流（DCA）やダイオード検査（⊳|）、導通チェック（•)））ができる機種もあります。周波数測定（Hz）やコンデンサ容量測定（C）などができる高機能なデジタルテスターは、マルチメーターとか、DMM（デジタル・マルチメーター）とも呼ばれています。

アナログテスター製品の例

● AP33

ポケットに入る薄型アナログテスター

・主なファンクションの測定レンジ

直流電圧	10/50/250/500V（2kΩ /V）
交流電圧	50/250/500V（2kΩ /V）
バッテリーチェック	1.5V/9V
直流電流	25mA/250mA
抵抗	5k/500kΩ

※電圧レンジの（　）内は 1V 当たりの入力抵抗

● SH-88TR

標準的なアナログテスター製品

・主なファンクションの測定レンジ

直流電圧	120m/3/12/30/120/300/1200V（20k Ω /V）
交流電圧	3/12/30/120/300/1200V（9k Ω /V）
直流電流	50μ /3m/30m/0.3A
抵抗	3k/30k/300k/3M/30M Ω

※電圧レンジの（　）内は 1V 当たりの入力抵抗

用途に合わせたテスターを選ぶ

簡単なアナログテスターは初心者の入門用に適しています。指針が動きますから、電気の量や変化を直感的に感じることができます。

手軽に使うなら簡易デジタルテスターが便利で実用的です。特に、導通の確認や、電源電圧を確認するならこのタイプが最適です。

電気回路を本格的に取り扱う場合は、高機能のマルチメーターが適しています。また、変化を伴うような電気現象を扱うのであれば高機能なアナログテスターが必要になるでしょう。用途に合ったテスターをぜひ利用してみてください。

表 1-1-1 アナログテスター / デジタルテスター比較

アナログテスター	強い点
	・測定値の変化を針の動きで知ることができる。
	・測定値を量として直感的に捉えることができる。
	・電池を入れなくても電圧と電流の測定はできる。（電池の必要な機種もある）
	弱い点
	・内部抵抗が低いため電圧測定誤差が大きい。
	・針に対する読み取り方向で誤差が発生する（真上から読み取る）。
	・メーターは落下衝撃に弱い（機械的誤差が発生したり破壊することもある）。
デジタルテスター	強い点
	・内部抵抗が高いため電圧測定測定誤差が小さい。
	・個人による読み取り誤差がない。
	・オートレンジでは切り替えが不要になる。
	弱い点
	・値が変化する対象は測定しにくい。
	・テスターが誤動作しても原因が追究できない。

デジタルテスター製品の例

PM3

厚さ8.5mmの超薄型テスター

・主なファンクションの測定レンジ

直流電圧	400m/4/40/400/500V
交流電圧	4/40/400/500V
抵抗	400/4k/40k/400k/4M/40MΩ
コンデンサ容量	5n/50n/500n/5μ/50μ/200μF
導通	10Ω～120Ω以下でブザー音 開放電圧：約0.4V

CD771

標準的なデジタルテスター製品

・主なファンクションの測定レンジ

直流電圧	400m/4/40/400/1000V
交流電圧	4/40/400/1000V
抵抗	400/4k/40k/400k/4M/40MΩ
コンデンサ容量	50n/500n/5μ/50μ/100μF
導通	0～85Ω（±45Ω）で発音とLED点灯 開放電圧：約0.4V

アナログテスター各部の名称と機能

学ぶ

簡易なアナログテスターの例「AP33」(sanwa)

●メーター　スケール板

測定値を読み取るための目盛

●指針

針で測定値が示されます。

●指針0位置調整ネジ

測定していない状態で指針が0V位置になるようマイナスドライバーで調整します。

●0Ω調整器つまみ

抵抗値測定のとき、テスター棒の両先端を接触させて指針が0Ω位置を指すように調整します。

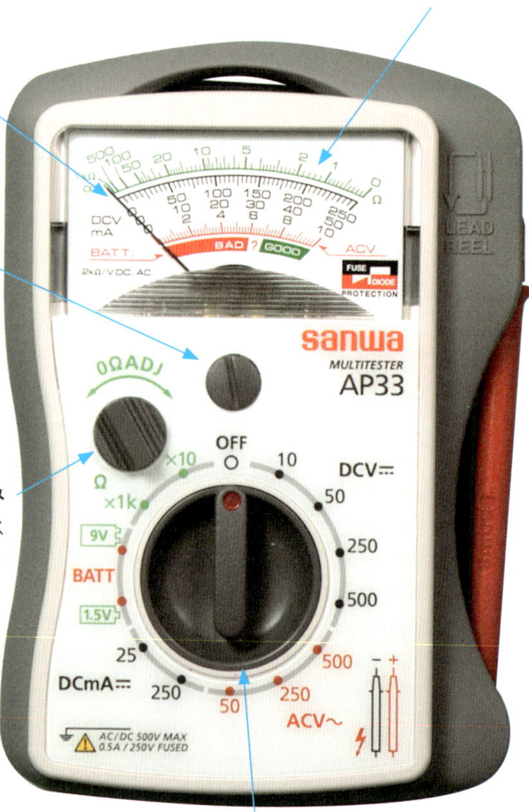

●ロータリースイッチ

テスターの測定機能を切り替えます。

標準的なアナログテスターの例「SH-88TR」（sanwa）

●メーター　スケール板

測定値を読み取るための目盛

●ミラー

指針を正確に読むための鏡

●指針

針で測定値が示されます。

●指針0位置調整ネジ

測定していない状態で指針が0V位置になるようマイナスドライバーで調整します。

● OUTPUT

オーディオ信号などを測定する端子です。DC成分はカットされます。

●共通測定端子（−）

黒いテストリードプラグを接続します。

●ロータリースイッチ

テスターの測定機能を切り替えます。

●導通ランプ

導通で点灯します。

●0Ω調整器つまみ

抵抗値測定のとき、テスト棒の両先端を接触させて指針が0Ω位置を指すように調整します。

●センター零切替スイッチ

このスイッチを下に下げるとメーターの指針は中央を中心として動作するセンターメーターになり、プラスとマイナスの値が測定できます。

●共通測定端子（＋）

赤いテストリードプラグを接続します。

テストリード各部の名称

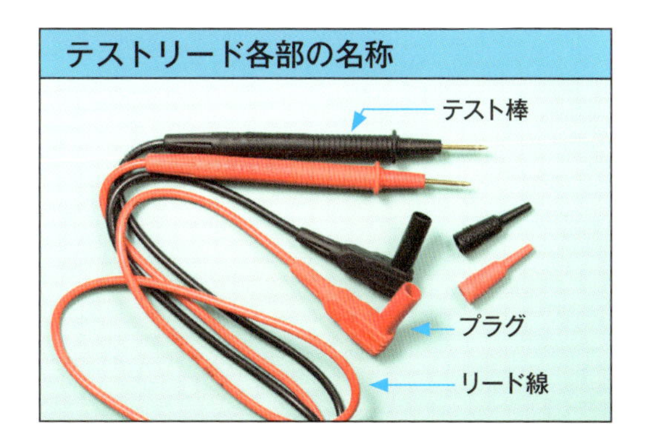

学ぶ

デジタルテスター各部の名称と機能

簡易なデジタルテスターの例「PM3」(sanwa)

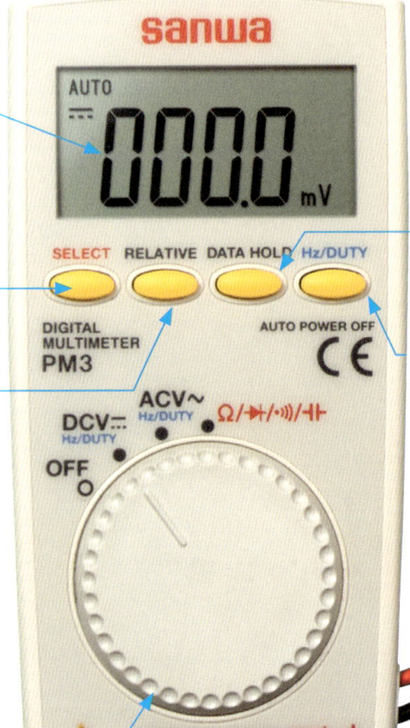

●液晶表示器
測定値が表示されます。

●ファンクションセレクトボタン
測定機能を切り替えます。

●リラティブ(相対測定)ボタン
ボタンを押したときの測定値を基準とした相対的な値が表示されるようになります。

●データホールドボタン
表示値を固定します。

●Hz/Duty切り替えボタン
周波数測定と比率測定を切り替えます。

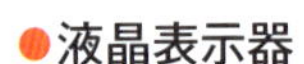

●ロータリースイッチ
テスターの測定機能を切り替えます。

標準的なデジタルテスターの例「CD771」(sanwa)

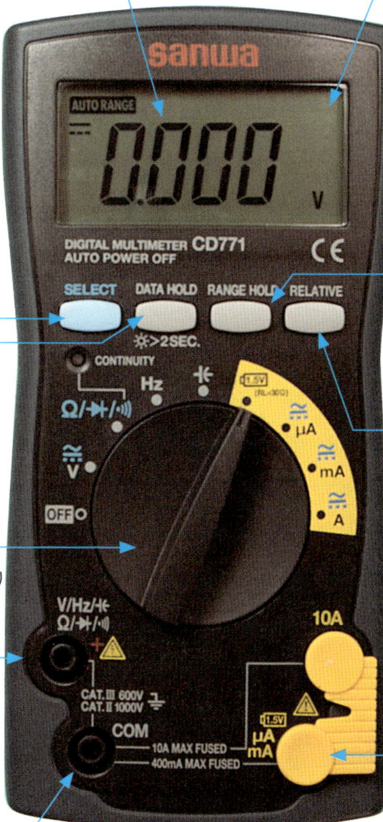

●液晶表示器
測定値が表示されます。

●導通ランプ
導通で点灯します。

●ファンクションセレクトボタン
測定機能を切り替えます。

●レンジホールドボタン
手動でレンジを切り替えます。

●データホールドボタン
表示値を固定します。

●リラティブ(相対測定)ボタン
ボタンを押したときの測定値を基準とした相対的な値が表示されるようになります。

●ロータリースイッチ
テスターの測定機能を切り替えます。

● V/Hz/C/Ω/D/Bz 端子
電圧/周波数/静電容量/抵抗/ダイオード/導通測定用の端子です。

●mA/μA 端子
電流測定用の端子です。

● COM 端子
共通測定端子です。

ワンポイント

「CE」というマークが表示されているテスターがあります。この工業製品がヨーロッパ連合(EU)加盟国の安全基準を満たしていることを示すマークです。

ロータリースイッチと機能ボタン

学ぶ

ロータリースイッチ

テスターの機能はロータリースイッチを切り替えて選びます。デジタルテスターは適切なレンジを自動的に選んでくれる、オートレンジと呼ばれる機能があるため、DCV / ACV / Ω　のように大きく機能が分かれているだけですが、アナログテスターは、同じ直流電圧でも10V / 50V / 250V / 1000V のように細かく分かれています。

代表的なテスターの機能と、その機能を表す記号は、表1-4-1に示すようなものがあります。

レンジの範囲とオートレンジ

テスターで測定できる電圧や抵抗値の範囲を「レンジ」といいます。アナログテスターで電圧を測定する場合は、ロータリースイッチで適正なレンジを選んで測定する必要があります。適していないレンジを使うと指針が振り切れたり、抵抗値のレンジでは正確な測定値が得られない場合があります。

図 1-4-1　アナログテスターのロータリースイッチ

図 1-4-2　デジタルテスターのロータリースイッチ 1

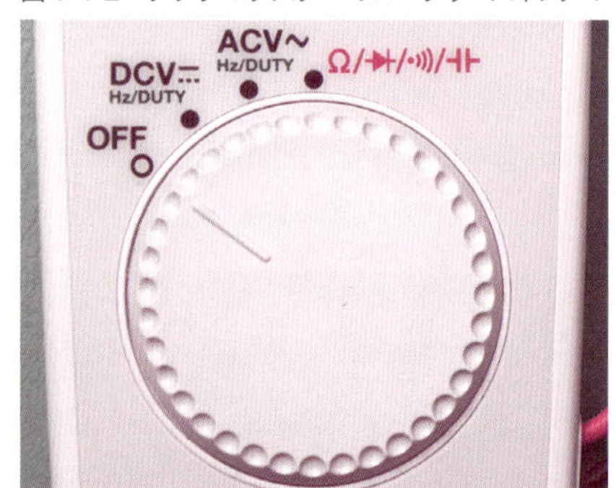

図 1-4-3　デジタルテスターのロータリースイッチ 2

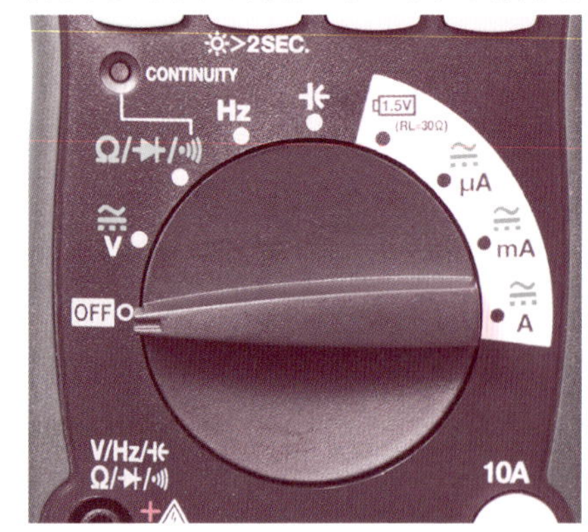

表 1-4-1　ロータリースイッチの機能と表示記号、マーク

機　能	記号・マークなど	説　明
直流電圧測定	DCV / ⎓	プラスとマイナスの極性が変化しない電圧を測定します。
交流電圧測定	ACV / ～	プラスとマイナスの極性が変化する電圧を測定します。
抵抗値測定	Ω / OHM	電流の流れにくさ(電気抵抗)を測定します。
直流電流測定	DCmA / DCμA	テスターを通過する直流電流の大きさを測定します。mAは1000分の1A、μAは100万分の1Aです。
導通チェック	BZ / ·)))	配線やコードの断線など、回路の導通を検査します。ブザー音で知らせてくれるほかLEDが点灯する機種もあります。
バッテリーチェック	BAT/ (電池マーク)	電池の消耗具合を色やBAD／GOODで表示します。
ダイオードチェック	D / ▶|	ダイオードの極性や機能をチェックします。順方向電圧の確認もできます。
静電容量測定	⊣⊢ / ⊣(⊢ / C/Cap	コンデンサの静電容量を測定します。
周波数測定	Hz / Freq	交流の周波数(毎秒当たりの信号電圧が変化する回数)を測定します。デジタルテスターだけの機能です。
温度測定	℃ / Temp	気温の測定や、測定対象の温度を測定します。

このほかにも、機種によってさまざまな機能が付加されたテスターがあります。

一方、デジタルテスターは、直流電圧であればDCVのようなレンジを使うだけですみます。デジタルテスターは、測定中の値に合わせて、自動的にレンジが切り替わる機能（オートレンジ機能）があるため、レンジの切り替え操作は不要です。ただし、機種によってはレンジを固定できる機種もあります。この機能を使うと、しばしば電圧が変化してしまうような場合でも、電圧の単位や表示される数値の桁が固定されるため、測定値が読み取りやすくなります（図1-4-4）。

図1-4-4　オートレンジ機能

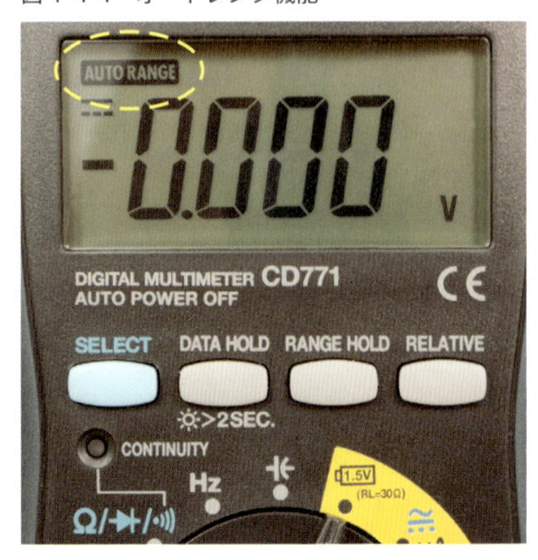

デジタルテスターの機能ボタン

デジタルテスターには細かな機能を切り替えるための各種ボタンがあります。ボタンの名称や機能はテスターの機種により異なることもありますが、以下は代表的な機能ボタンの例です。

・ファンクションセレクト ボタン（SEL/SELECT）

現在ロータリースイッチで選択している機能の詳細な機能を切り替えます。たとえば、選択中の機能が（Ω / •))) / ▶| / ⊣⊢）のような場合は、セレクトボタンを押すたびに、機能を「抵抗値測定→導通チェック→ダイオードチェック→静電容量測定」のように切り替えることができます（図1-4-5）。

図1-4-5　ファンクションセレクトボタンで機能を変更

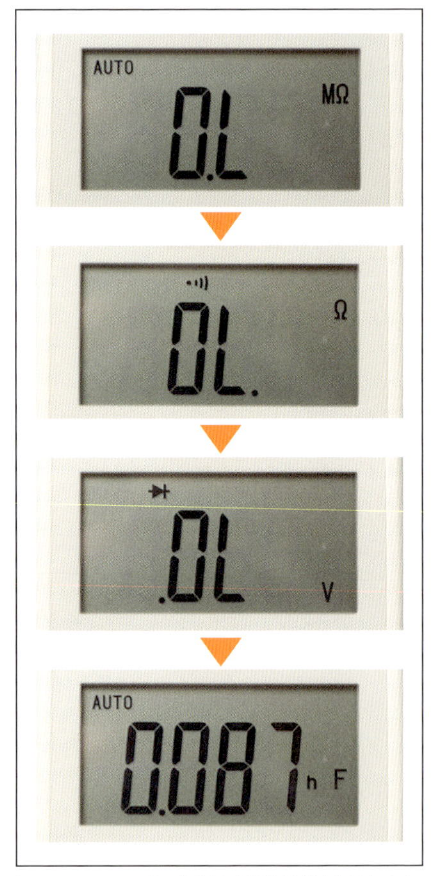

注）O.LはOpen Loopの略で無限大（開放状態）を示します。

・リラティブ(相対測定)ボタン

ある測定値に対して、別の測定値との差、つまり、基準電圧に対する相対的な電圧を表示するときに使います。

基準としたい電圧を測定しているときに、相対測定ボタンを押します。すると、この値が基準電圧としてテスターに記憶され、次に比較したい箇所の電圧を測定すると、テスターには基準電圧に対する差分の電圧が表示されるようになります(図1-4-6)。

例では、最初に006P型電池の電圧9.48Vを測定した後に相対測定ボタンを押すと画面には「0」が表示されます。次に電圧1.6Vの乾電池を測定すると、相対電圧「1.6−9.48=−7.88V」が表示されています。

・データホールド ボタン (DATA HOLD)

測定された値を保持したいときにこのボタンを押します。表示された測定値がそのまま表示され続けます。

・周波数測定ボタン(Hz)

ロータリースイッチをHz位置に切替えます。交流信号が1秒当たり、何回周期的に変化するかを測定します。たとえば、家庭やオフィスに来ている商用電源を測定すると、東日本では50Hz(ヘルツ)、西日本では60Hz前後が測定されます。測定できる周波数範囲は機種によって異なります(図1-4-7)。

図1-4-6 リラティブ(相対測定)ボタン

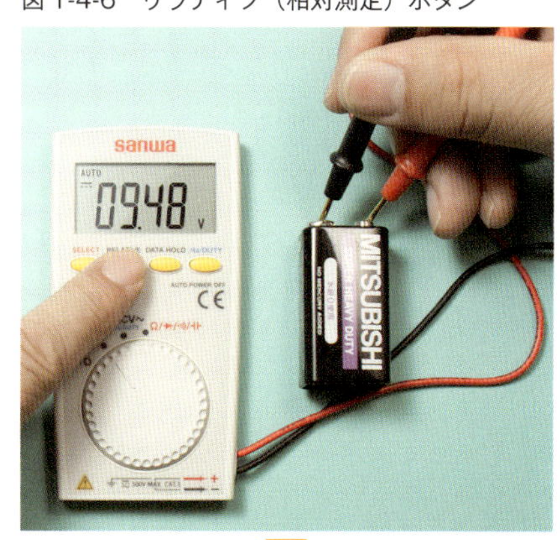

図1-4-7 商用電源の周波数測定

学ぶ

デジタルテスターの表示桁数と精度について

デジタルテスターの表示桁数

デジタルテスターの表示桁数を、3／½桁とか3½桁のように表記している製品があります。これは、液晶表示画面に"0000"から"9999"が表示されるのではなく、最上位桁は0と1しか表示できない場合や、表示できる最大値が3000とか4000までのような場合に用いられる表示です。

測定値の誤差

テスターで測定された電圧が「1.998V」だったとしても、これは、真の電圧が「1.998V ±0V」であることを意味しません。どんな測定器にも多少の誤差はありますから、正式には「1.998V ±誤差の電圧」というべきかもしれません。

テスターの仕様書をみると、

「5Vの精度±(0.08%rdg+2dgt)」

などのように書かれています。±以下の数値は

（確度誤差 ＋ レンジ誤差）

を意味しています。

確度誤差は、たとえば5V レンジを使った場合の測定値の確度は「0.08％」ということです。次のレンジ誤差「2dgt」は表示された下位の桁の誤差を意味します。

図 1-5-1　テスター表示の特徴

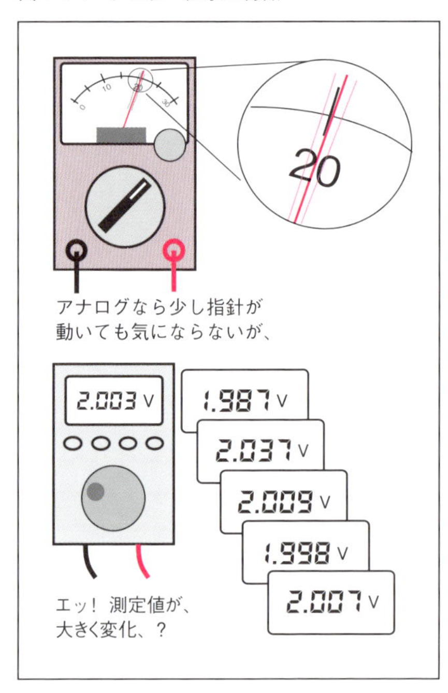

最小桁が0.001Vのテスターを使って、真の電圧が 2.000V の場合、

確度誤差は

2Vの0.08％(＝0.0016V)、

レンジ誤差は

0.001V ×2(＝0.002V)、

誤差の合計は

0.0016+0.002=0.0036

最終桁を四捨五入して、誤差は0.004V ということになりますから、2.000Vの測定値は 1.996～2.004V と表示される場合があるということに

なります。

この精度は直流電圧だけの問題ではなく、交流電圧、抵抗、周波数などの測定にもつきものです。

指針で測定値が表示されるアナログテスターの場合は、「1.996V」と「2.004V」の区別はつかないため、問題になることは当然ありませんが、デジタル数値の場合はときに気になる場合があるかもしれません。誤差についての詳細はメーカー資料等で調べることができます。

温度による測定値の変動

測定値の精度はどのような温度環境でも得られるものではありません。たとえば、PM3（sanwa）では、「確度保証範囲：23±5℃　RH80％以下　結露なきこと」と表記されています。結露なきことは当然としても、結構厳しい条件が課せられていることがわかります。もちろん、この範囲を越えたら測定自体ができないことを意味している訳ではありませんから、通常環境での使用に当たっては大きな問題は起こらないかもしれません。しかし、たとえば氷点下に近い気温では使用できない可能性はあります。

1-6 テスターを使う際の注意

●学ぶ

テスターを扱う際には次のようなことに注意しましょう。

危険な装置の内部には触れない

❶交流100Vまたはそれ以上の電源を使った機器の内部

AC100Vのコンセントが付いた機器は、高電圧や高熱を利用する機能、あるいは、電源が切れていても内部に電気を蓄えているものもあります。専門知識がない人が内部に触れるのは危険です。

❷リチウム・イオン電池を使用している機器の内部

リチウム・イオン電池は大容量のため、たとえ表示電圧が低くても、内部に触れることは極めて危険です。絶対触れないようにしましょう。

❸感電注意の表示がしてある機器の内部

蛍光灯、静電気を利用した空気清浄機、バックライトを使ったディスプレイ機器などの内部に触れるのは危険です。これらの機器には図1-6-1のような表示があります。

図1-6-1
電気機器の感電注意表示

COLUMN

電気測定のカテゴリー

IEC(International Electrotechnical Commission:国際電気標準会議)は、操作者や周囲に対する保護を目的として定められた国際安全規格で、測定器や電気装置に対する安全要求事項について規定されています。テスターが備えるべき安全性はIEC61010-1に規定されています。

図1-6-2　測定カテゴリーの概要

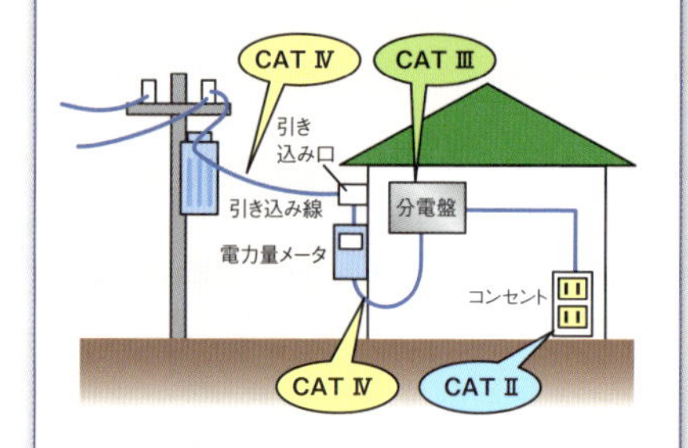

測定カテゴリー	概　要
CAT. Ⅳ	引き込み電路から電力量メータ、分電盤までの回路
CAT. Ⅲ	分電盤に直接接続した固定設備、分電盤からコンセント裏の配線端子までの回路
CAT. Ⅱ	コンセントに直接接続する機器の電源プラグから機器の電源回路までの回路

テスターの取り扱いの一般的な注意

❶テスターにショックを与えない

テスターは精密な装置です。ショックを与えないようにしましょう。

❷使い終わったらロータリースイッチをOFF の位置に

OFF がないアナログテスターはACV の最大レンジにしておきます。

❸測定中は導通部には触れない

測定中の導通部には触れないようにしましょう。

❹ロータリースイッチを正しい位置に切り替えてから測定開始

テスト棒を測定対象に当てながらロータリースイッチを切り替えるとテスターが破損する場合もあります。必ずロータリースイッチを先に切り替えてから測定しましょう。

❺テスターに表示してある最大電圧以上の電圧は測定しない

テスターには測定できる最大電圧や最大電流の表示してあります（図1-6-4）。それを越える値の測定は危険ですから絶対やめましょう。

❻濡れた手で操作しない

テスターに表示してある最大電圧以下でも、濡れた手で操作するのは危険です。

図 1-6-3　テスト棒の持ち方

図 1-6-4　測定できる最大電圧表示の例

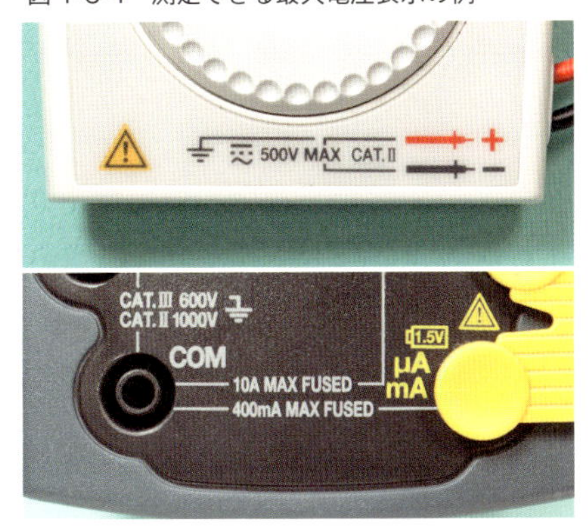

❼電流測定は注意が必要

電流測定機能があるテスターを扱うためには専門的な知識が必要とされます。詳しくはP51を参照してください。

❽電源が入ったままで回路の抵抗値測定はしない

装置の回路抵抗を測定する場合は、電源を切り、内部のコンデンサの残留電圧がなくなるまで待ちます。

学ぶ

テスターは2台欲しい

テスターが1台しかないと……

1台のテスターに頼っていると、万が一、テスターに異常が起きても、そのこと自体がわからないという深刻な状況になってしまいます。

テスターが完全に破損してしまえば別ですが、たとえば誤った計測値が表示されるような障害の場合は、それが間違った値であることが判断できないので、困ったことになります。

筆者の経験でも、安定化電源の電圧が異常になったため、別なテスターで確認しようとしたのですが、あいにく予備のテスターが使える状態ではなかったため、執拗に回路を追ったのですが、原因がわからず途方に暮れた経験が一度ならずありました。いずれもテスターの不調が原因でしたが、1台だけのテスターでは、それを確かめることができません。

わかりにくいデジタルの不具合

特に、デジタルテスターに問題が発生した場合は深刻で、電圧は正常に測定できても、抵抗値だけが正常に測定できない、というような、理解できない障害が発生する場合があります。これは各種測定機能が互いに独立したモジュールにより機能している等の理由によるのでしょう。その点アナログテスターが不調になる場合は、一般的に

図 1-7-1　電池電圧の測定比較

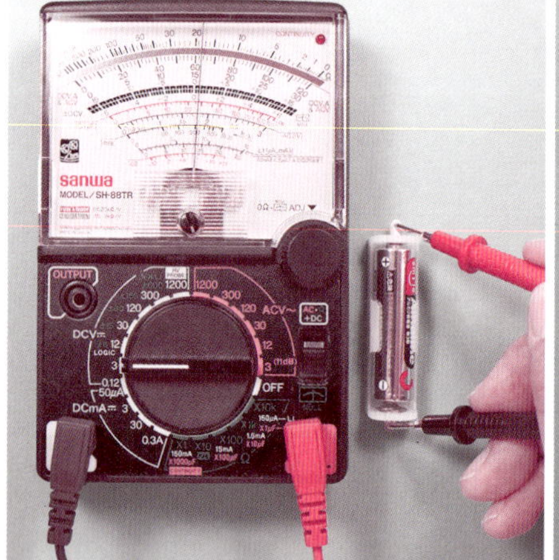

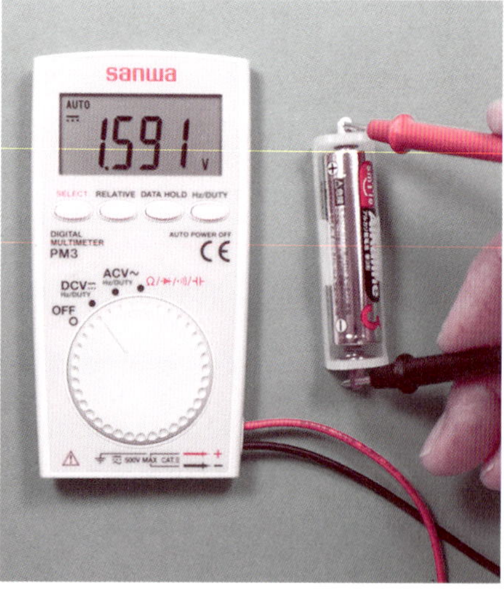

症状は単純で、針の動きが異常になるなど、わかりやすい故障となることが多いようです。

図1-7-1は、同じ単三乾電池の電圧をアナログテスターとデジタルテスターで測定してみた写真ですが、どう考えても測定結果に疑問が出た場合は、このようにあらかじめわかっている電圧や抵抗を2台のテスターで比較測定してみることが大切です。最低限、アナログテスターとデジタルテスター各1台は欲しいところです。2台あれば、観測値を比較することで、互いのテスターの動作を確認することができます。

テスターの校正も活用

また、些細なことですが、テスターリードが断線しても、1台だけでは、断線の位置さえ判断できなくなってしまいますが、2台あれば、互いのテスターの整備もできるということになります。

欲をいえば、アナログテスターは006P(9V)電池内蔵型で、デジタルは普段使う簡易マルチメーターと高機能型マルチメーター2台があれば文句なしです。

なお、日本の主要なメーカーではテスターの校正をしてくれます。校正料も手頃のようなので、最近は依頼者が増えているようです。

ワンポイント

図1-7-2の例では60Wの白熱電球の抵抗値をデジタルテスターとアナログテスターで比較していますが、アナログテスター、特に大きな測定電流が流れる機種で測定すると、デジタルテスターが示す抵抗値より相当大きな値となることがあります。これは測定電流により電球内のフィラメントが発熱して抵抗値が上昇することによる現象で、テスターの不調ではありません(P71、P72参照)。

図 1-7-2　電球抵抗の測定比較

1-8 アナログテスターの初級操作

使う

直流電圧を測定する

アナログテスターで積層型乾電池(006P)の電圧を測ってみましょう。

006P 型積層乾電池(図1-8-1)の公称電圧(一般的に発表されている電圧)は9Vです。

手　順

1 テスターの共通測定端子(マイナス)に黒いテストリード、共通測定端子(プラス)に赤いテストリードを差し込みます(テスターにテストリードが付いている機種もあります)。
なお、この手順は、測定端子が2個だけ付いているアナログテスターにおいては直流電圧測定だけでなく、交流電圧測定や抵抗値測定でも共通する手順です。

2 直流電圧(DCV)レンジの中で、電池電圧の9Vを越えた中で一番低いレンジにロータリースイッチを切り替えます。例ではDCVの12Vに合わせています。

3 黒いテスト棒の先端を乾電池のマイナス極に、赤いテスト棒をプラス極に接触して、選択したレンジに対応する目盛を読み取ります。例ではDCVの最大値が「120」を示しています。「120」の目盛で12Vレンジの測定値を読むので、たとえば指針の示す値が100なら10、80なら8のように読み替えるのがポイントです。写真の例では、指針は92を指していますから、電圧は9.2Vということがわかります。

図 1-8-1　006 型積層乾電池

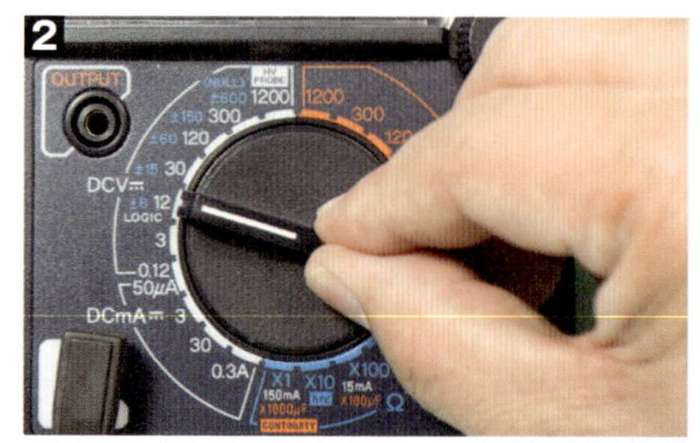

図 1-8-2 DCV120 の目盛

DCV 120の目盛で指針が指す値は92なので測定値は9.2V

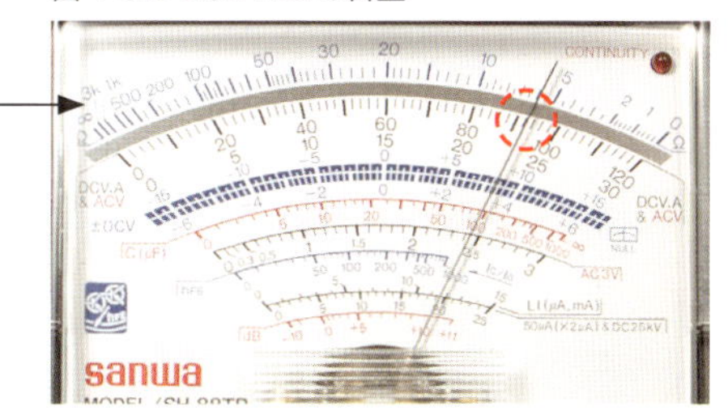

次に、単三型乾電池の電圧を測ってみましょう。

単三型乾電池は公称1.5Ｖの乾電池です。単一、単二、単四などの乾電池の電圧測定も同じようにできます。

図 1-8-3　単三型乾電池

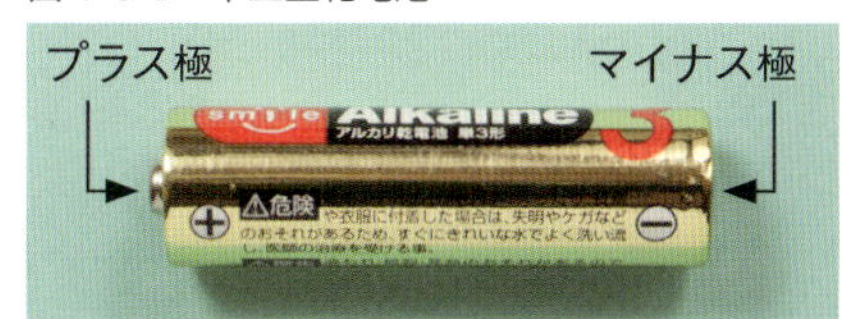

手　順

1 テスター端子に黒と赤のテストリードを接続します。

2 ロータリースイッチのレンジをDCVの1.5Vを越えた中で一番低いレンジ(例では3V)に合わせます。

3 黒いテスト棒を乾電池のマイナス極、赤いテスト棒をプラス極に接触し、指針が指し示す電圧を読み取ります。読み取る目盛はスケール板のDCVの最大値が「30」の目盛です。レンジは3Vを選びましたから、指針の示す値が14なら1.4V、9なら0.9Vのように読み替えます。
写真の例で、指針はほぼ15.5を指していますから、電圧は1.55Vということがわかります。

抵抗値を測定する

今度はイヤフォンの内部に組み込まれているコイルの抵抗値を測定してみましょう。両耳型イヤフォンの接続端子は先端がR(右)、中央がL(左)、プラグ根元がCOM(共通)端子になっています。この測定は、イヤフォンを耳に入れたまま行うと大きな音が出ることがあるので、絶対にイヤフォンを耳から外した状態で行ってください。

手 順

1 テスター端子に黒と赤のテストリードを接続してロータリースイッチのレンジをΩレンジの一番低いところに合わせます。例では×1を使っています。

2 2本のテスト棒の先端を接触させたまま、0Ω調整つまみで、スケール板の「Ω」の目盛が0に合うように調整します。

3 黒いテスト棒をイヤフォンのCOM端子へ、赤いテスト棒をR端子に接触して指針が指すΩの目盛を読み取ります。例では約34Ωが表示されています。

4 L側のイヤフォンの抵抗値は上の手順3と同じようにして測定することができますが、赤いテスト棒はL端子側に接触させてください。

判 定

RとL側、双方のイヤフォンの抵抗値はどうでしたか? 10〜20%程度の違いでしたら問題はありませんが、大きく異なっていたり、指針が振れない場合は故障ということが考えられます。

図 1-8-3 イヤフォンの接続端子

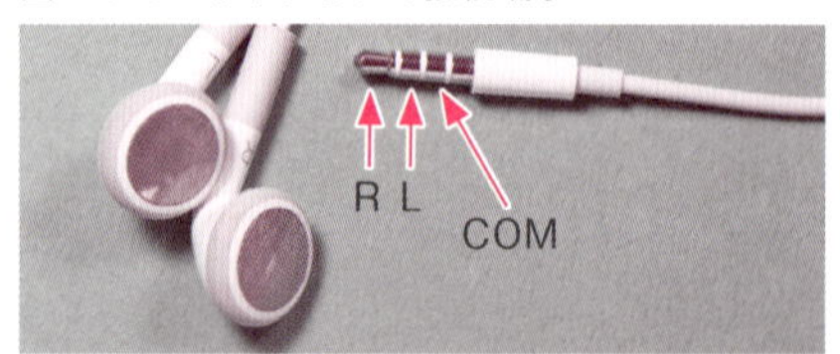

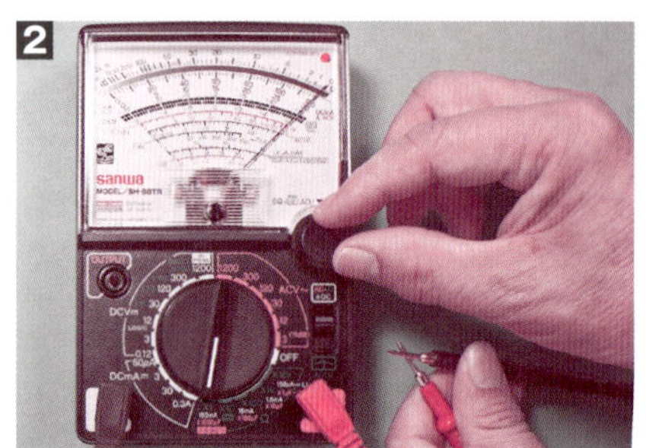

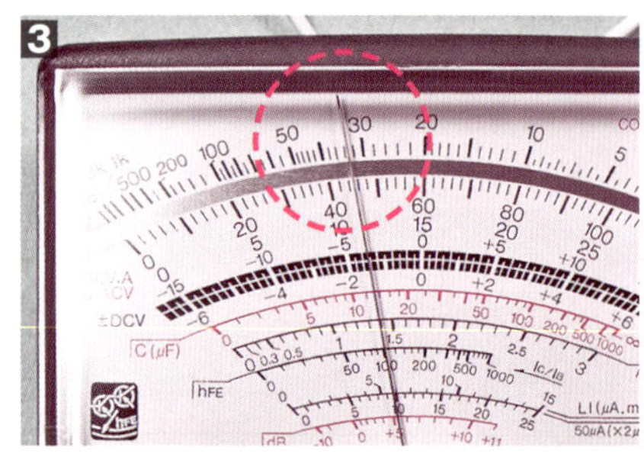

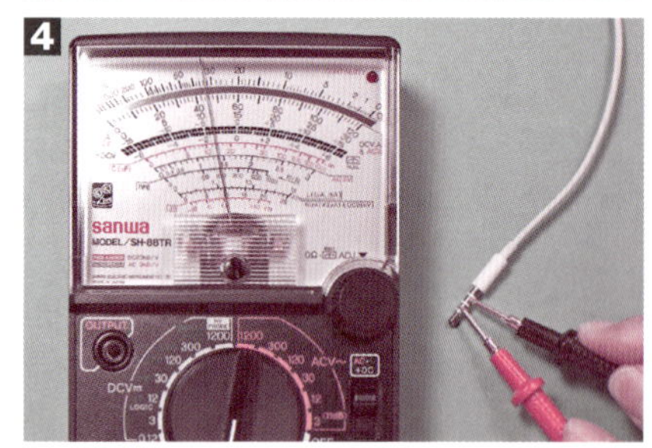

次は、アナログテスターで人体の抵抗値を測定してみましょう。

手　順

1 黒と赤のテストリードを接続し、ロータリースイッチのΩレンジを一番高いところに合わせます。例では×10kを使っています。

2 2本のテスト棒を接触させながら0Ω調整をします。

3 左右の指などで赤と黒のテスト棒先端を握ってみてください。指針が少し振れるはずです(×1k以下のレンジしかないテスターでは指針の振れは小さいかもしれません)。

4 指針が指し示すΩの目盛を読み取ります。その値に、レンジの×数を乗じます。例では指針が50で、乗数が×10kですから、測定値は500kΩということになります。

このように、人体は少しですが電気を通します。ほかに、海水や鉛筆の芯(黒鉛)なども電気を通します。純水はほとんど電気を通さないのですが、普通の水はイオンが溶けているためかなり電気を通します。野菜、くだもの、金属光沢のある鉱物なども電気を通すかテスターで調べてみましょう。

ワンポイント

アナログテスターのスケール板のΩ目盛には1、2、5、100のように数値が記入してありますが、(指針が示す目盛板の数値)×(ロータリースイッチのレンジの乗数)が測定している抵抗値となります。詳しくはP61を参照してください。

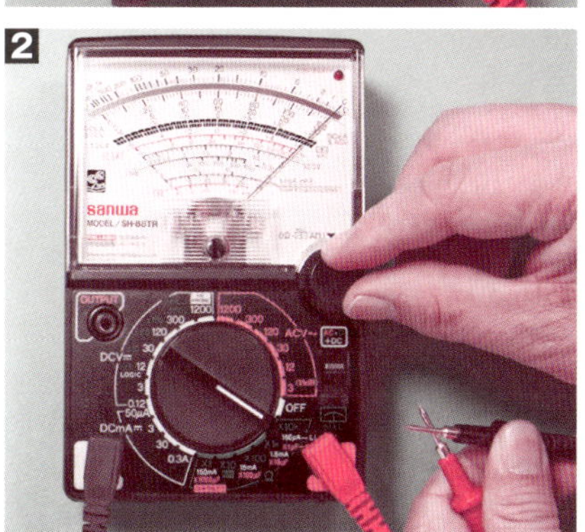

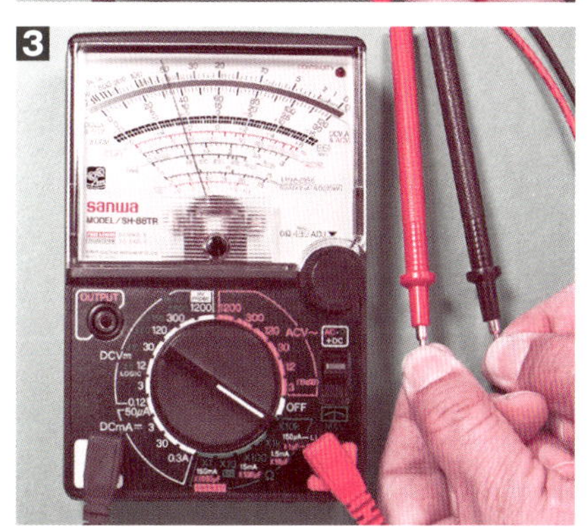

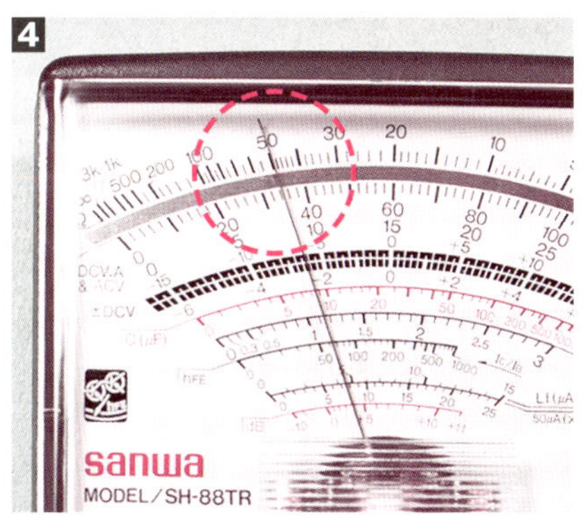

交流電圧を測定する

では次に、家庭に来ている商用電源の交流電圧（AC100V）を測ってみましょう。なお、交流電圧は危険ですから、測定中は絶対、テスト棒の金属部には触れないにしましょう。

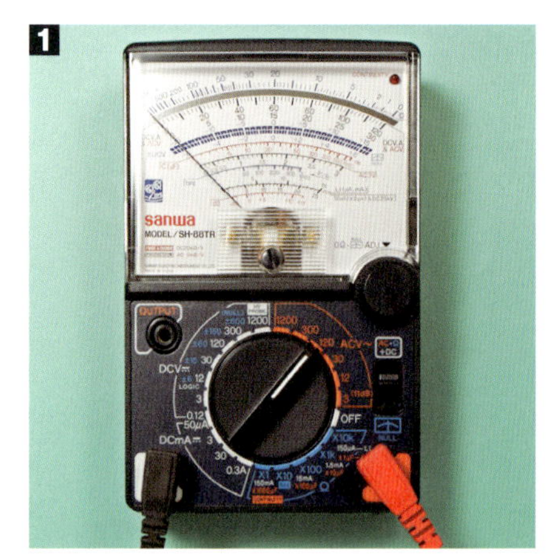

手　順

1 テスター端子に黒と赤のテストリードを接続してロータリースイッチのレンジをACV100V以上の中で一番低いレンジに合わせます。例では「ACV120」に合わせています。

2 赤と黒のテスト棒の先端をテーブルタップのコンセント穴に差し込みます。各テスト棒は左右両手で持ち、穴の中央付近に真上から、なるべく垂直に入れ、無理に押し込むようなことは避けましょう。コンセント穴の溝の長さには違いがありますが、交流電圧の場合は、どの色のテスト棒をどちら側の穴に接続しても構いません。

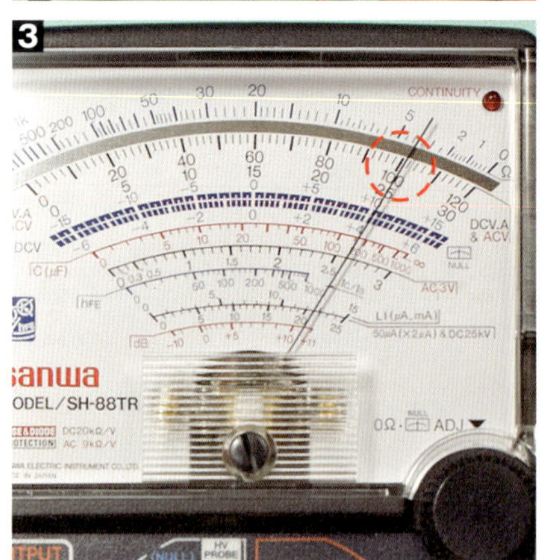

3 レンジに対応するACVの目盛を読み取ります。例ではACVの最大値が「120」の目盛なので101Vが表示されています。

導通をチェックする

２点間に電気が通じるか通じないか調べるのが導通チェックです。アナログテスターで導通を調べる手順は、基本的には抵抗値を調べる手順（Ｐ30）とまったく同じですが、抵抗の詳しい値を調べることが目的ではありません。例としてハーネスの導通チェックをしてみます。ハーネスはコネクタが付いた電線の束のことです。

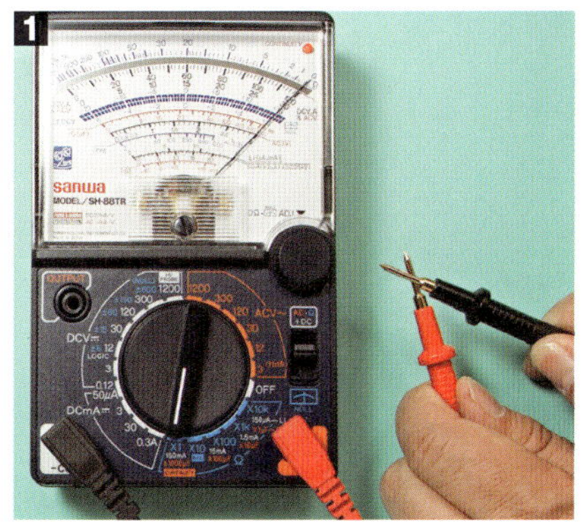
1

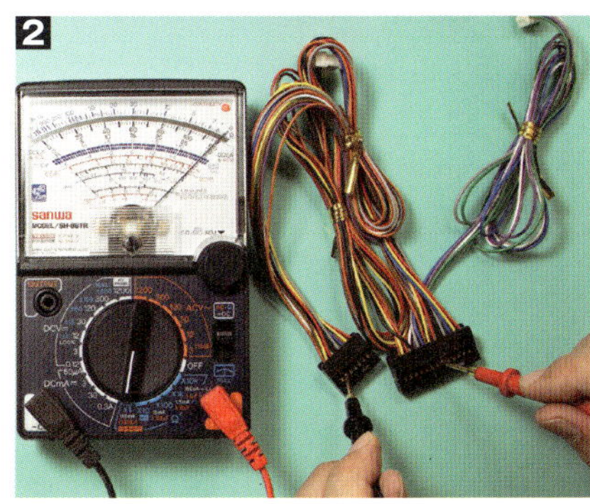
2

3

手　順

1 テスター端子に黒と赤のテストリードを接続してロータリースイッチのレンジをΩレンジの一番低いところに合わせます。例では×1を使っています。

2 測定したい両端のコネクタ端子にテスター棒の先端を接触したとき、指針が振れれば導通は「あり」です。

3 ほかの端子との間に短絡（ショート）がないことを確認するには、少なくとも隣接する端子間には導通がないことを確認することも大切です。

ワンポイント

デジタルテスターの導通チェックでは、少なくとも0.２秒以上導通状態が続かないと、はっきりとしたブザー音が聞き取れませんが、アナログテスターなら指針の動きが瞬間的に確認できるため、素早い導通チェック作業が可能です。

1-9 デジタルテスターの初級操作

使う

直流電圧を測定する

デジタルテスターで006P型積層型乾電（公称電圧9V）の電圧を測ってみましょう。

手順

1 テスターの共通測定端子（マイナス）に黒いテストリード、共通測定端子（プラス）に赤いテストリードを差し込みます。本節の例のようにテスターにテストリードが付いている機種もあります。

2 ロータリースイッチを直流電圧（DCV）レンジに切り替えます。DCVレンジがなく、「V」と表示されたレンジのテスターの場合はSELECTまたはSELボタンでDCVレンジを選びます。

3 黒いテスト棒の先端を電池のマイナス極に、赤いテスト棒をプラス極に接触します。液晶表示器に表示される測定値を読み取ります。デジタルテスターの場合、テスト棒を測定箇所に当てた瞬間に正しい測定値が表示されるのではなく、表示される値が0.2～0.4秒おきに変化しながら更新されますので、表示が落ち着くまでしばらく待ちましょう。

図 1-9-1 006P型積層乾電池

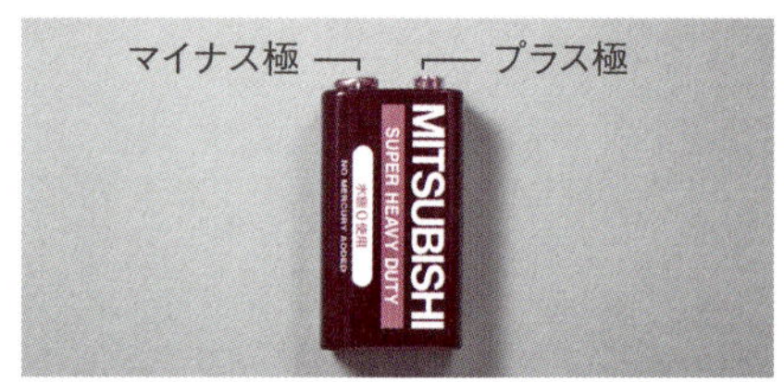

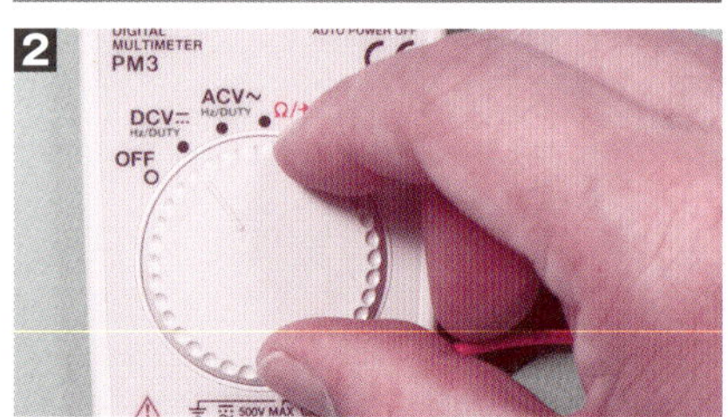

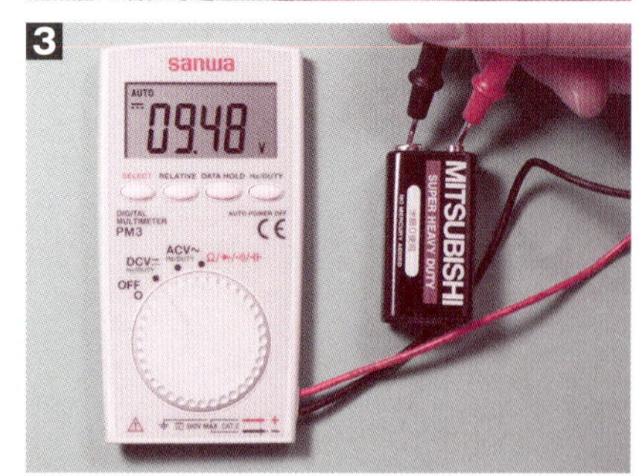

次に、単三型乾電池（公称電圧1.5V）の電圧を測ってみましょう。

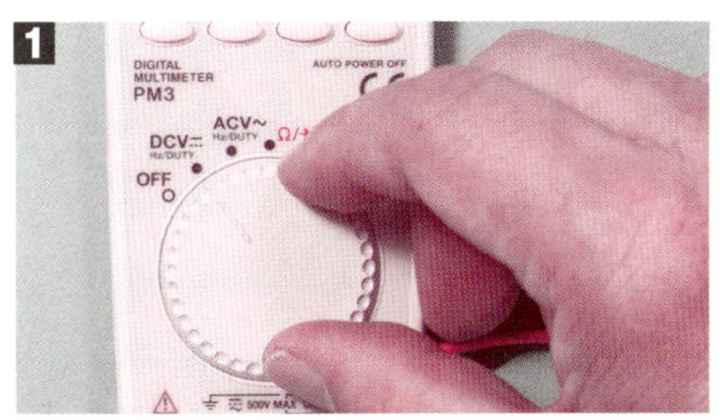

手　順

1 テスター端子に黒と赤のテストリードを接続してロータリースイッチを直流電圧（DCV）レンジに切り替えます。

2 黒いテスト棒の先端を電池のマイナス極に、赤いテスト棒をプラス極に接触します。

3 液晶表示器に表示される測定値が安定したら値を読み取ります。

ワンポイント

デジタルテスターの場合、たとえ測定中の電圧が安定していたとしても、液晶表示器の表示が時おり変化するようなことがあります。たとえば、“9.002”から“8.998”のように桁の境界付近で値が変化すると、値としては0.1％にも満たない変化でも全部の桁の数字が突然変わってしまうため、とてもわかりにくいことになってしまいます。これはデジタルテスターならではの現象で、避けることはできないのですが、測定値を数字としてだけ見るのではなく、量としても見ることができるよう努めてみましょう。

抵抗値を測定する

ここでは、イヤフォンの抵抗値を測ってみましょう。両耳型イヤフォンの接続端子は、先端がR（右）、中央がL（左）、プラグ根元がCOM（共通）端子になっています。

手　順

1 テスター端子に黒と赤のテストリードを接続してロータリースイッチのレンジをΩレンジに合わせます。Ωとほかのレンジが共用になっている機種ではファンクションセレクトボタンを押してΩを選択しましょう。

2 黒いテスト棒をイヤフォンのCOM端子へ、赤いテスト棒をR端子に接触して抵抗値を読み取ります。

3 L側のイヤフォンの抵抗値は上の手順3と同じようにして測定することができますが、赤いテスト棒はL端子側に接触させてください。

判　定

RとL側、双方のイヤフォンの抵抗値はどうでしたか？　10～20％程度の違いでしたら問題はありませんが、大きく異なっている場合は故障の可能性があります。

図1-9-3　イヤフォンの接続端子

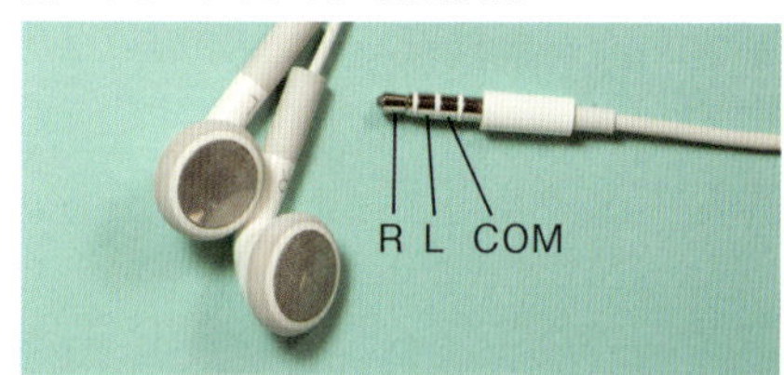

1

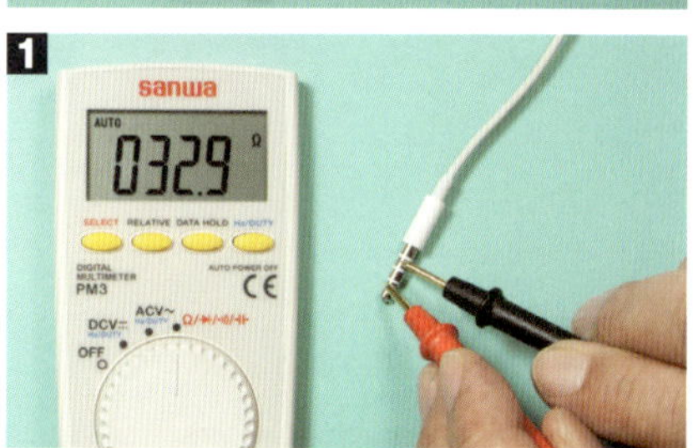

2

3

注　意

デジタルテスターのΩレンジはアナログテスターに比べると小さな電流しか出てこないため、イヤフォンから大きな音が出ることはありませんが、念のため測定は耳から外した状態で行ってください。

次に、デジタルテスターで人体の抵抗値を測定してみましょう。

手　順

1 テスター端子に黒と赤のテストリードを接続してロータリースイッチのレンジをΩレンジに合わせます。Ωとほかのレンジが共用になっている機種ではファンクションセレクトボタンを押してΩを選択しましょう。

2 左右の指などで赤と黒のテスト棒先端を握ってみてください。

3 液晶表示器で抵抗値を読み取ります。液晶表示機には単位が表示されていますので見落とさないよう注意しましょう。

ワンポイント

1kΩは1000Ω、1MΩは1000kΩを意味する単位です。たとえば、"0.987kΩ"のように表示されたら、987Ωと同じ抵抗値です。また、"2.532MΩ"のように表示されたら、"2532kΩ"と同じです。

1

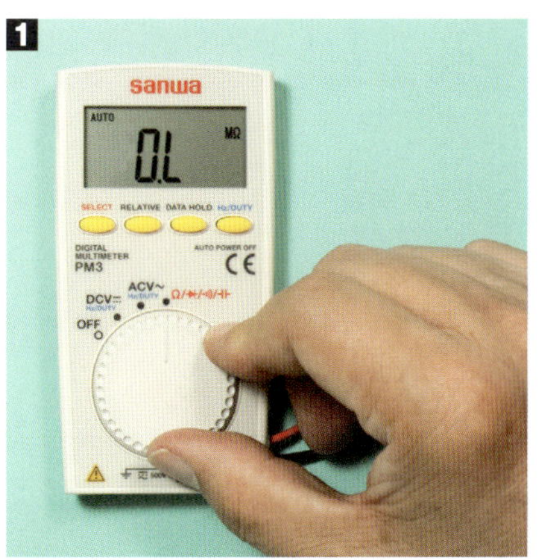

2

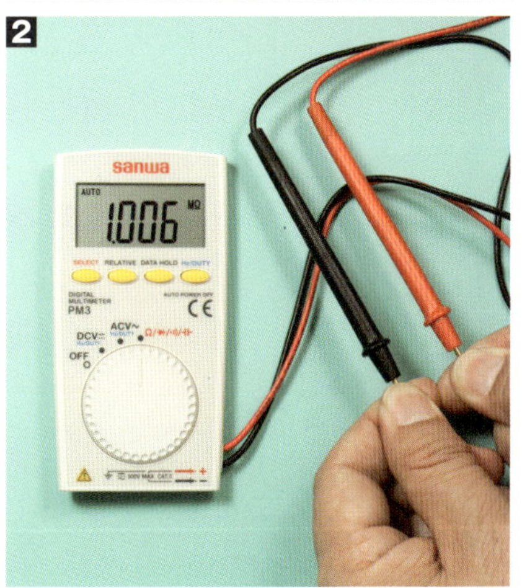

3

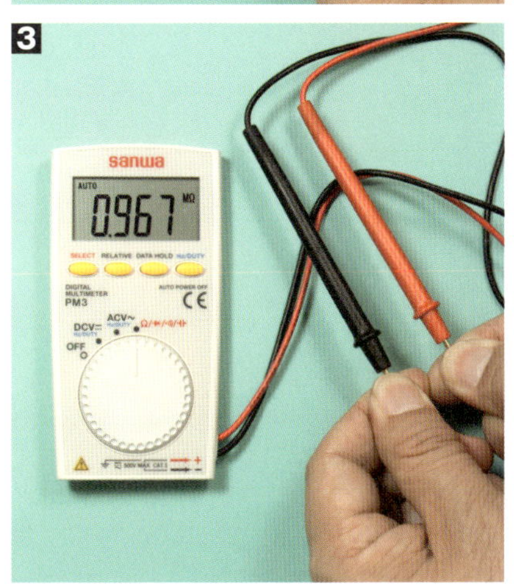

交流電圧を測定する

家庭に来ている商用電源の交流電圧（AC100V）を測ってみます。なお、交流電圧は危険ですから、測定中は絶対、テスト棒の金属部には触れないようにしましょう。

手　順

1 テスター端子に黒と赤のテストリードを接続して（テスターにテストリードが付いている機種もあります）ロータリースイッチのレンジをACVのレンジに合わせます。ACVレンジがなく、「V」と表示されたレンジのテスターの場合はファンクションセレクトボタンでACVレンジを選びます。

2 赤と黒のテスト棒の先端をテーブルタップのコンセント穴に差し込みます。各テスト棒は左右両手で持ち、穴の中央付近に真上から、なるべく垂直に入れ、無理に押し込むようなことは避けましょう。コンセント穴の溝の長さには違いがありますが、交流電圧の場合は、どの色のテスト棒をどちら側の穴に接続しても構いません。

3 ACVの値を液晶表示器で読み取ります。右の写真では「103.2（V）と表示されています。

1

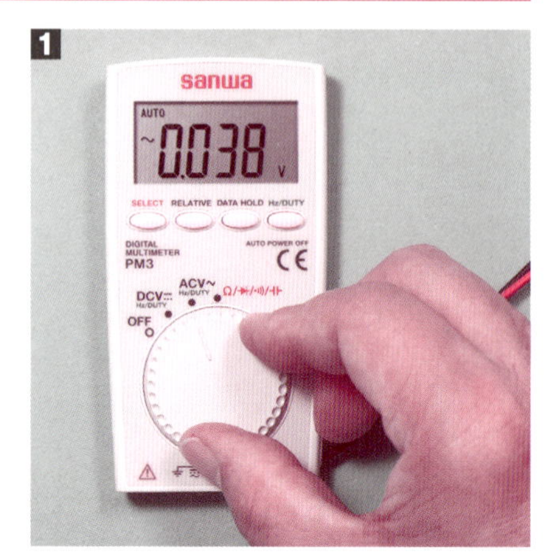

2

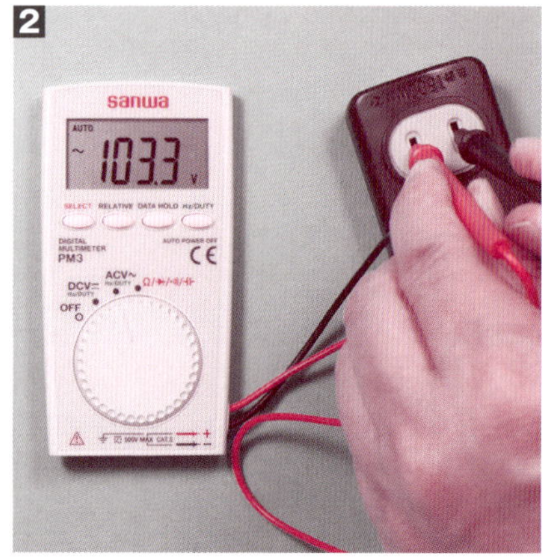

3

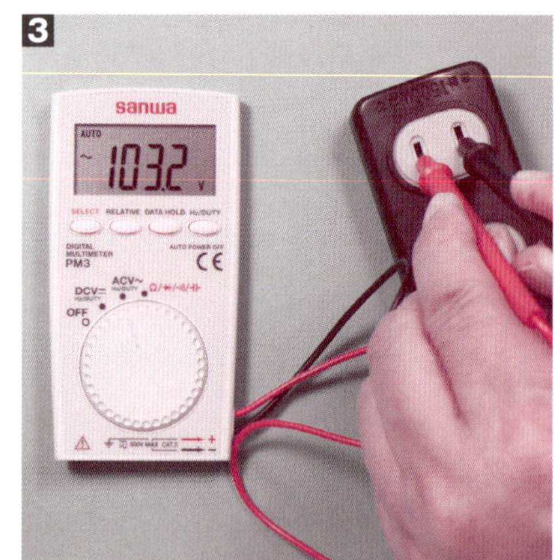

導通をチェックする

2点間の導通は、抵抗値を測ることでも確認できますが、デジタルテスターには導通チェック専用のレンジが備わっています。それがブザー音(•))))による導通チェックです。

ここではハーネスの導通チェックをしてみます。ハーネスはコネクタが付いた電線の束のことです。

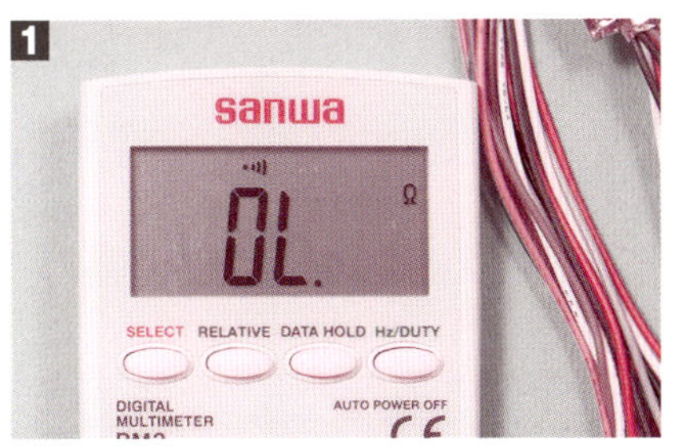

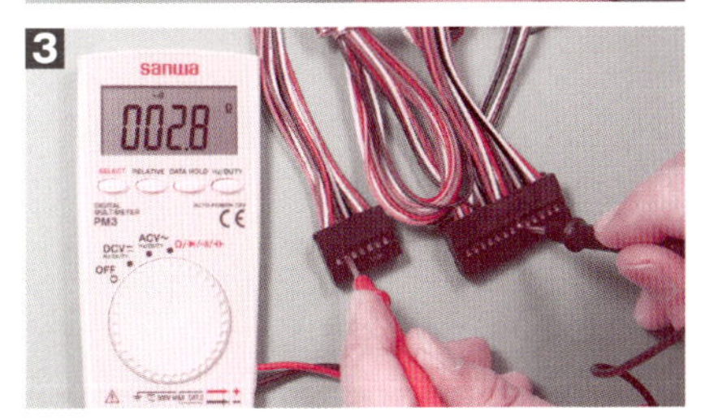

手　順

1 テスター端子に黒と赤のテストリードを接続してロータリースイッチのレンジを導通チェックレンジに切り替えます。導通チェックレンジがないテスターでは、Ωなどのレンジからファンクションセレクトボタンを押して導通チェックの記号•))))を表示させます。

2 テスト棒の両端を接触させて、ブザー音がすることを確認します。しばらく導通状態が持続しないとブザーが鳴らない機種もありますので注意してください。

3 測定したい両端のコネクタ端子にテスター棒の先端を接触したとき、ブザーが鳴れば導通は「あり」です。

判　定

ほかの端子との間に短絡(ショート)がないことを確認するには、少なくとも隣接する端子間には導通がないことを確認することも大切です。

ワンポイント

2点間が何Ω以下になったらブザー音が鳴るかは特に決まりはないようで、手元の数種類のテスターを調べても、約20Ω、30Ω、60Ω、350Ωとかなりばらついていました。同じメーカーでも共通性はないようです。

定義上は電気が流れる状態であれば「導通あり」ですからこれでよいのでしょうが、スイッチの接点不良などを調べるには不安があることは確かです。可変抵抗器(ボリューム)を持っている方は、どの程度でブザー音が鳴るか確認しておくのもムダではないと思います。

COLUMN

テスターの歴史

「テスター」の語源はCircuit Tester（回路試験器）のようですが、海外ではほかにMulti Meter または AVO Meter（アボメーター）などの名称が使われているようです。アボメーターはAmperes Volts Ohms の頭文字で、テスターの機能をよく表しています。

ところで、電流計の前身は、未知の抵抗値を測定するためのホイーストンブリッジ回路の考案に伴い、電流で指針が動くガルバノメーターが1820年代に実用化されたことにあるようです。やがて、1900年頃、ゼンマイバネを使い、電流の強さに比例して指針が動くD'Arsonval/Westonのガルバノメーターが作られるに至って、現在のムービングコイル式メーターの原型が完成したとされています。

1923年、イギリスの郵便局技師Donald Macadie（ドナルド・マッカディ）は、作業現場で使う数々の電圧計、電流計、電池、抵抗器などをひとつにまとめ、これをAVOMeterとして発表したのが最初のテスターとされています。以後、この便利な計測器は電気が絡む現場には欠かせないものとしての地位を築いてきました。

現在では、小学校の理科でも、電気を通す物を調べる手段としてテスターを使うことが奨励され、中学の技術・家庭科ではテスターや半田ごてを使えるようになることが指導要領として出されているようです。

図 1-A　ガルバノメーター

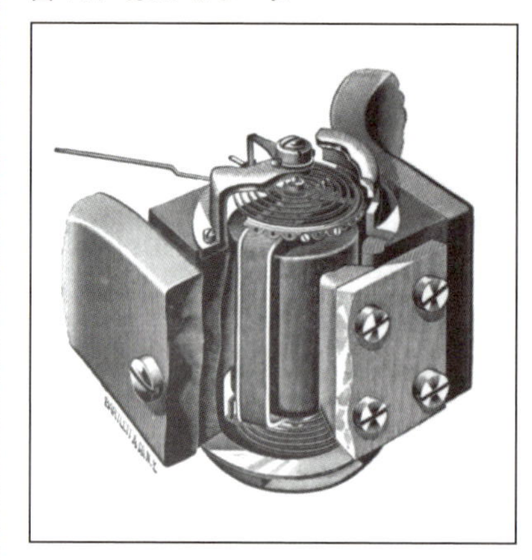

ホームセンターへ行くと、各種の工具、ノギスやテスターなどの測定具が店頭に並んでいて簡単に購入できます。こうした光景はどこの国でも見られるというものではありません。各種の金属素材、プラスチック材料、接着剤、ネジ、工具ばかりでなく、膨大な種類のICや電子部品が秋葉原の専門店やネット販売で購入できるのは、日本の貴重な技術文化そのものといえます。科学技術の衰退が懸念されている日本ですが、ノギス、半田ごて、テスターに代表される、モノ作りの基本になる工具や測定器が日本の未来を支える資源の一部となることは事実です。

Part 2

中級編

テスターをもっと知る

ひととおりテスターの操作に慣れたら、少し高度な使い方にチャレンジ。でもその前に、電気の基礎知識やテスターが動く基本的な仕組みを知っておきましょう。交流電源の周波数測定や電気器具の断線チェックなど操作事例も中級編にステップアップ。

※お断り　本書に使用している回路図記号は旧 JIS 記号と新 JIS 記号の双方が使われています。

2-1 電気と磁気の基礎

学ぶ

電気の力

図 2-1-1　ガラスコップに発生する静電気

図 2-1-2　コンデンサの原理

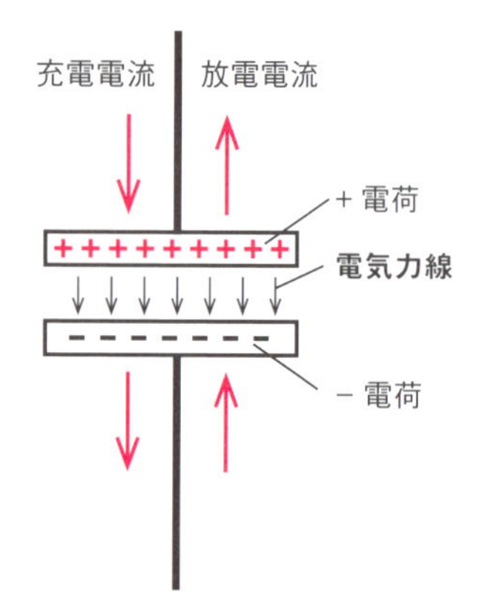

静電気

ガラスと化繊布などを摩擦するとプラスまたはマイナスに帯電します。この帯電した電気は静電気と呼ばれます。冬の乾燥した時期にセーターを脱ぐとパチパチ音がするのも、オフィスでドアのノブに触れたとき、電撃が走るのも静電気の仕業です。

静電気に帯電した物質には、プラスまたはマイナスの電荷が蓄積されます。同じ電荷同士は反発し合いますが、異なった電荷間には吸引力が働きます。この力は「クーロン力」と呼ばれます。

クーロン力は帯電した静電気にだけ発生するのではなく、電圧に差がある金属板などにも発生します。

コンデンサ

2枚の電極で作られるコンデンサに電圧をかけると、充電電流が流れて電荷を蓄えることができます。この蓄えられた電荷が放電するときは逆方向に電流が流れ出ます。

充電されたコンデンサの中では、プラス電極の電荷と、マイナス電極の電荷がクーロン力によって互いに引き合うため、電気を蓄えることができます。

電極板の間の絶縁性がよければ電荷を半永久的に蓄えることも可能です。フラッシュメモリは、浮遊ゲート内のコンデンサに書き込まれたデータを電源なしで記憶保持できるのでスマホなどに広く使われています。

磁気の力

図 2-1-3　磁石は鉄を引き付ける

図 2-1-4　電流を流したコイルも鉄を引き付ける

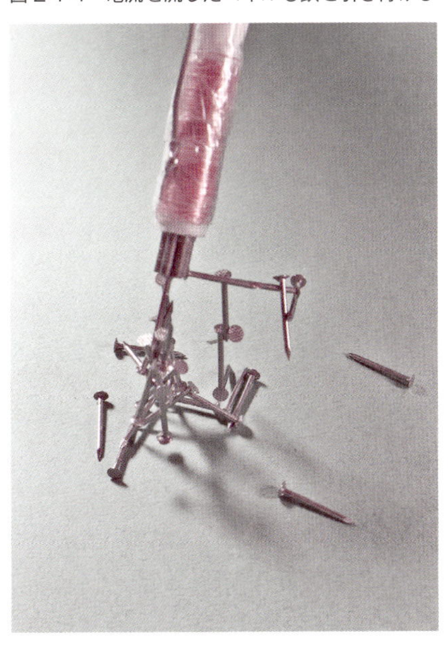

電気の力と磁気の力

紀元前2500年、古代中国では方位磁石を使った「指南車」が使われていました。磁石が持つ力は磁気と呼ばれています。

長い間、磁気と電気は、まったく無関係と思われてきましたが、磁気と電流の関係を発見したのは1820年、デンマークのエルステッドです。電流の周囲にも磁気が発生したことを突き止めたのです。軟鉄の芯に銅線を何回も巻いたコイルに電流を流すと、強力な磁気が発生して電磁石になります。電流が流れる方向や強さを変えることで、磁極の方向や強さも制御することができます。

モーター

モーターはおもちゃのモーターから新幹線の動力まで、広く使われています。今では、1台の自動車には約百個ものモーターが使われているといわれています。

コイルに流れる電流とマグネットとの間に働く力を利用した機器はモーターだけではありません。アナログテスターのメーターもそのひとつです。

図 2-1-5　モーターの例

写真提供：株式会社秋月電子通商

フレミングの法則

ローレンツカ

磁場の中で運動する荷電粒子には、運動方向と直角に力が働くことが発見されました。これがローレンツ力です。ローレンツ力は導体を流れる電流にも現われ、「磁界の向き」と「力の向き」と「電流の向き」はフレミングの法則と呼ばれる関係にあります。

発電機の起電力は「右手の法則」、モーターの電動力は「左手の法則」が適用されます。フレミングの法則は学校でも習うのですが、どの指が何の働きかが混乱しがちになります。次のように覚えるのがいいようです。

フレミングの法則の覚え方

手回し発電機を右手で回す光景をイメージします。力が強いのは親指です。磁石にはNとSの対立する磁極があるので、肘を張って人差し指同士を付き合わせます。付き合わせることで対立するN極とS極をイメージして覚えます。

この方法は利用価値が高く、いずれか2本の指の方向をそろえると、もう1本の指は反対方向を向くことが文字通り手に取るように理解できます。たとえば、電流と磁極の向きが同じなら発電機とモーターでは力の方向だけが違うことなども、その関係性が見えてきます。

図 2-1-6　ローレンツカ

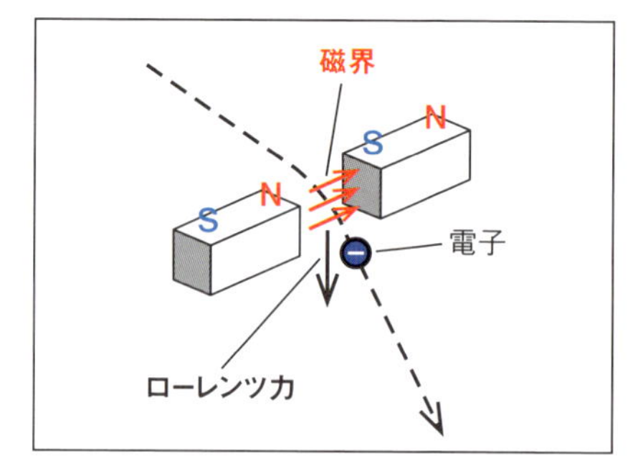

図 2-1-7　フレミングの法則

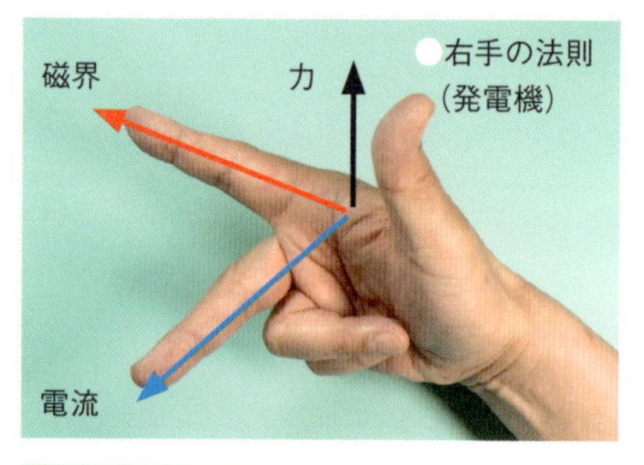

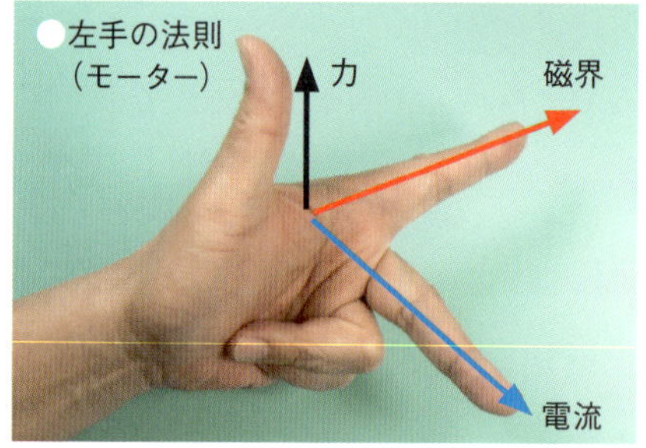

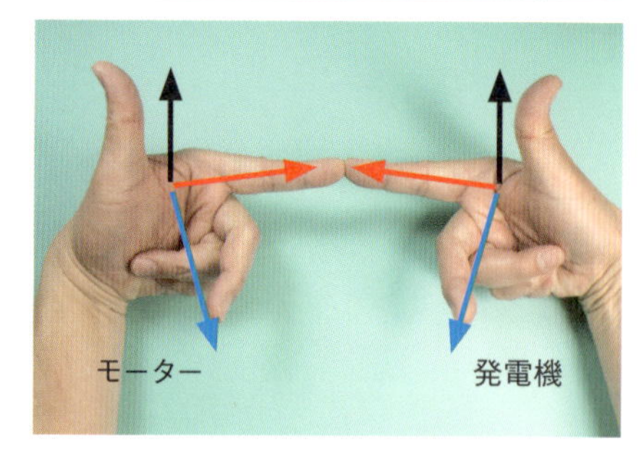

電磁波

電流が流れると磁場ができる

流れる電流の周囲には、磁場が現われますが、電流の方向を頻繁に変えると不思議な現象が見られます。変化する磁場は、変化する電場を生じ、その電場はまた変化する磁場を隣の空間に作り出して、波のように伝わっていきます。これが電磁波（電波）です。

振動する電流は、アンテナから電磁波を空間に放射され送信されます。逆にアンテナに電磁波が届くと、アンテナ内の電子が揺すられ、振動する電流が流れて回路に送られ受信されます。

放射線であるγ（ガンマ）線やX 線、紫外線、可視光線、赤外線等も波長が異なるだけで、同じ電磁波の仲間です。

無線通信はじまる

マルコーニの無線機の電波が大西洋を越えたのは1901年。わずか4年後の1905年、日露海戦では戦艦三笠から「本日天気晴朗ナレド波タカシ」と打電されました。現在、戦艦三笠は横須賀市の公園に公開されています。

当時はトランジスタも真空管もありませんでしたが、コイルに流した電流を切ることで発生する火花を利用した送信器と、ガラス管に金属粉を詰めたコヒーラ管と呼ばれる検波器を使った受信器を使って無線通信が実用化されていったのです。

図 2-1-8　電線の周囲に発生する磁場

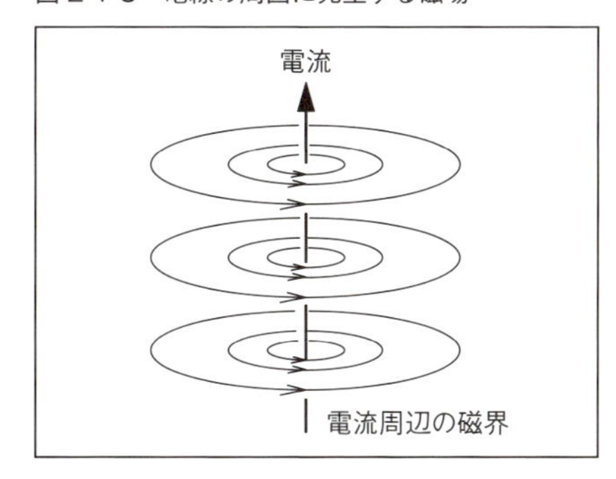

図 2-1-9　アンテナから放射される電磁波

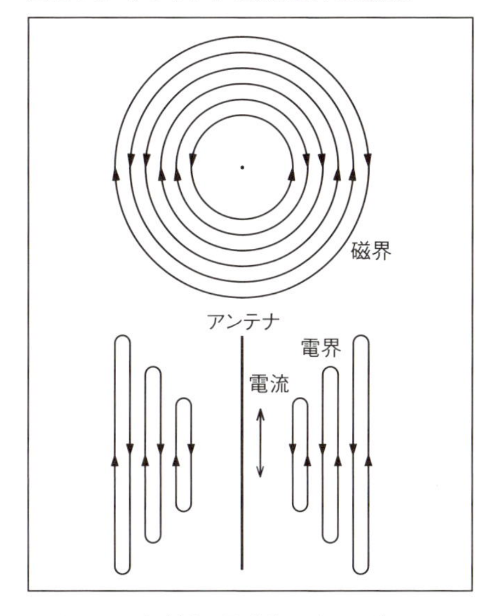

図 2-1-10　伝播する電磁波のイメージ

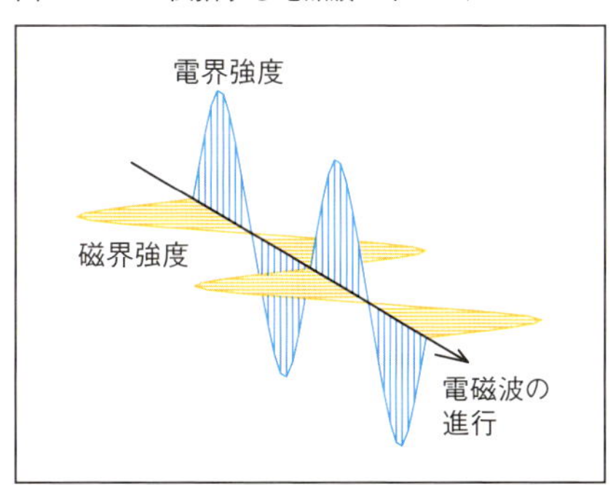

オームの法則

電流、電圧、抵抗の関係

オームの法則は、数ある電気の法則の中では最も簡単な法則のひとつですが最も役に立つ、大切な法則でもあります。「電流 I が流れる抵抗 R に発生する電圧 V の大きさ」は、

$$V = I \times R \qquad 式①$$

V は電圧、単位は V（ボルト）
I は電流、単位は A（アンペア）
R は抵抗値、単位は Ω（オーム）
という法則です。

たとえば、5Ωの抵抗に電流が 2A 流れれば、その抵抗の両端には、

V＝ 2A × 5Ω
V＝ 10V

が発生します。式①は次のように書き直すこともできます。

$$I = \frac{V}{R} \qquad 式②$$

$$R = \frac{V}{I} \qquad 式③$$

式②と式③は少し記憶しにくいのですが、優勝（Victory）の V と引っ掛けて、「V が上」というようにすると記憶しやすいかもしれません。

図 2-1-11　電流、電圧、抵抗の関係

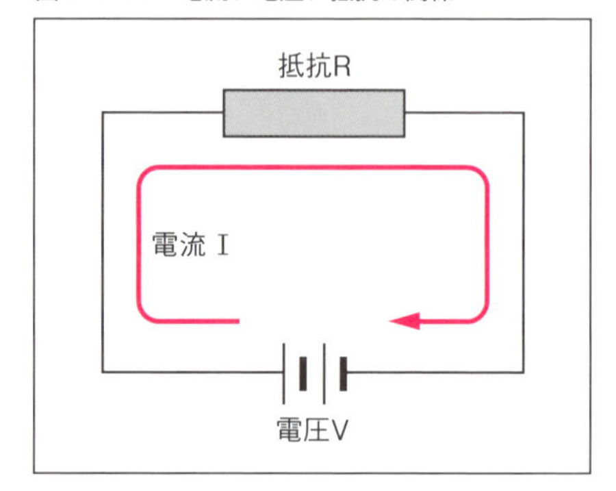

例題 1

100Ω抵抗の両端の電圧を測定したら DC24V でした。抵抗に流れている電流は？

回答：$I = \frac{V}{R} = \frac{24}{100} = 0.24A$

例題 2

クランプメーターで AC100V の電熱器に流れている電流を測定したら 12A でした。電熱器の抵抗は何Ω？

回答：$R = \frac{V}{I} = \frac{100}{12} \fallingdotseq 8.33\Omega$

注　意

交流の場合も実効値と呼ばれる値の計算は直流と同じです。ただしテスターでは交流の電流は測定できません。クランプメーターを参照してください（P116 参照）。

複雑な回路でもオームの法則は成立しています。

抵抗の直列接続

図2-1-12は2本の抵抗R1とR2を直列に接続しています。直列接続での抵抗値は「R1+R2」になります。このため、回路全体に流れる電流Iは、

$$I = \frac{V}{R1 + R2} = \frac{12}{20 + 30}$$
$$= \frac{12}{50} = 0.24A$$

と計算できます。R1にもR2にも0.24A電流が流れますから、それぞれの抵抗には、次のような電圧が発生します。

R1には　$0.24 \times 20 = 4.8V$
R2には　$0.24 \times 30 = 7.2V$

図 2-1-12　2本の抵抗を直列に接続

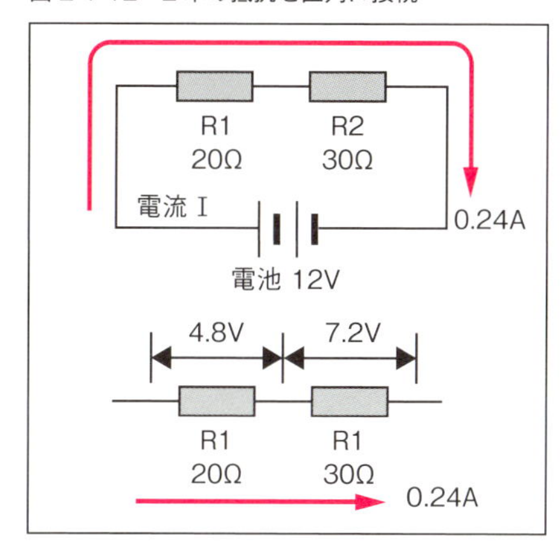

抵抗の並列接続

図2-1-13は2本の抵抗R1とR2を並列に接続しています。どちらの抵抗にも12Vが加わりますから、

R1には　$\frac{12}{20} = 0.6A$

R2には　$\frac{12}{30} = 0.4A$

の電流が流れます。電流の合計は

$$I = 0.6 + 0.4 = 1A$$

です。

図 2-1-13　2本の抵抗を並列に接続

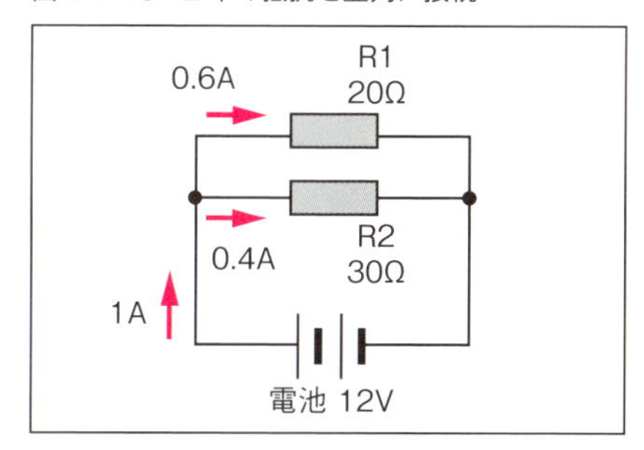

実は、並列の合成抵抗を求める公式があって、合成された抵抗値Rは、

$$R = \frac{R1 \times R2}{R1 + R2}$$

となります。上の回路の合成抵抗は

$$R = \frac{20 \times 30}{20 + 30} = \frac{600}{50} = 12\Omega$$

となります。ですから全体の電流は

$$I = \frac{V}{R} = \frac{12}{12} = 1A$$

ということで、先程と同じ結果が得られます。

2-2 テスターの基本特性

●学ぶ

内蔵電池

内蔵電池の影響

テスターには電池が内蔵されていて、抵抗値測定やダイオード検査では、この内蔵電池が利用されています。ここで大きな問題は、内蔵電池の電圧、正確には2本のテスト棒に出てくる電圧が測定に重要な影響を及ぼす場合があるということです。

抵抗を測定するだけなら、電圧が違っても流れる電流の量が変わるだけですから、大きな問題ではありませんが、ダイオードやトランジスタなどの半導体を測定するには、一定以上の電圧をかけないと測定電流が流れ始めないという厄介な性質があるからです。

順方向電圧

この電圧は「順方向電圧」と呼ばれ、シリコンダイオードで0.7V程度ですが、LEDになると1.8～2.5V、高輝度LEDになると3Vを越えるものもあります。この順方向電圧を越える電圧を2本のテスター棒間にかけないと、測定そのものができないということになります(P90参照)。

さて、この要求に応えられる乾電池というと、一般的には角型乾電池の006P型(9V)、または単三×6本ということになりますが、前者は電池容量が少なく、後者は電池の体積が大きくなってしまうという問題があります。

表2-2-1 主なテスターの内蔵電池の電圧

機種名	方式	電圧
TKPH6A(TKC)	デジタル	1.5V×4
AP33(サンワ)	アナログ	1.5V×1
P-09(メテックス)	デジタル	1.5V×2
PM3(サンワ)	デジタル	3V×1
CD770(サンワ)	デジタル	1.5V×2
SP20(サンワ)	アナログ	1.5V×2
287(フルーク)	デジタル	1.5V×6
SH-88TR(サンワ)	アナログ	1.5V×2、9V×1
175(フルーク)	デジタル	9V×1

図2-2-1　SH-88TR（左）とPM3（右）の内蔵電池

電池電圧と電流値

表2-2-1は、いくつかのテスターの電池電圧を調べたものです。1.5Vから12Vまでいろいろなものがみられますが、比較的多いのは3Vのデジタル型のようです。ただし、内蔵電池が3Vであっても、テスト棒に出てくる電圧が3Vというわけではありませんので、実際に各レンジで抵抗値測定、あるいはダイオード検査をしてみて、どの程度の電圧がテスト棒に出てくるか調べてみる必要があります。

サンワのSH-88TR は、9V積層電池006Pを1個と単三2本を使ったアナログテスターです。電流が大きいレンジには単三が使われ、高い電圧が必要とされ、電流が小さいレンジには9V積層乾電池が使われている珍しいテスターです。Ωレンジ測定ではテスト棒間に出力される端子間電圧(LV)と端子間電流(LI)について知っておくことが大切であり、このSH-88TRにはLI目盛があります。表2-2-2は、SH-88TRの端子間電圧(LV)と端子間電流(LI)を実測した最大値です。

表2-2-2　SH-88TR の端子間電圧と端子間電流

Ωレンジ	出力電流	出力電圧
×10k	0.06mA	12.8V
×1k	0.16mA	3.3V
×100	1.6mA	3.3V
×10	16mA	3.3V
×1	160mA	3.3V

この表から、次のようなことがわかります。

①順方向電圧が3V 以上の青色や白色LED は、×10k レンジを使わないと測定できない可能性がある。

②×1 レンジで順方向電圧の低いLEDを測定すると、大きな電流が流れ過ぎる可能性があるので×10または×100のレンジを使う。

抵抗値測定レンジの電圧測定

テスターの電圧をテスターで測る

図2-2-2は、アナログテスターで抵抗値測定をするときに、赤テスター棒と黒テスター棒に出てくる電圧を、右側のテスターで測定している図です。表示される電圧はマイナス電圧です。

図2-2-3は、左側をデジタルテスターに替えて抵抗値測定をしている図です。テスト棒の色は双方とも同じなのに、電圧の符号が異なっています。

このように、抵抗値測定レンジでは、テスター棒に出てくる電圧の極性がアナログとデジタルでは、正反対になります。

図 2-2-2　アナログの電圧をデジタルで測定

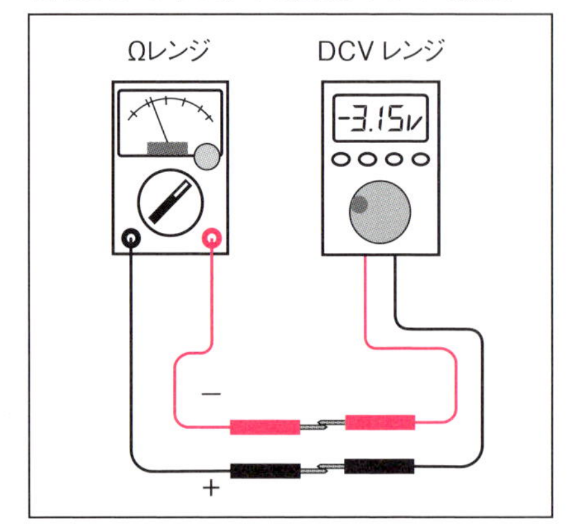

図 2-2-3　デジタルの電圧をデジタルで測定

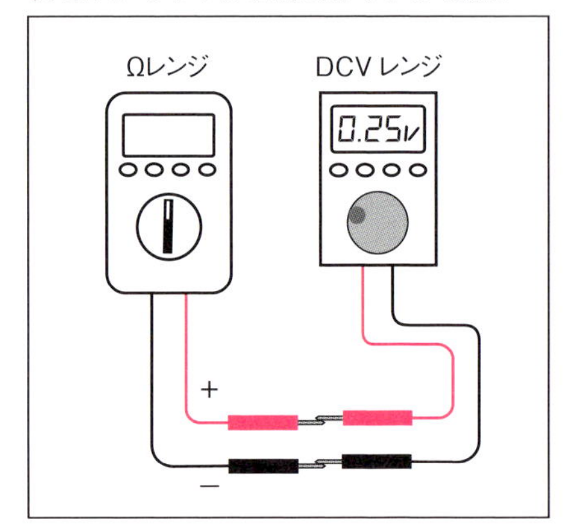

半導体の測定は要注意

アナログテスターから出てくる内蔵電池の極性がテスター棒の色と逆になるのは、回路図を見れば理由がわかります（P56・57参照）。

一方、デジタルテスターでは、回路の工夫でプラスは赤、マイナスは黒テスター棒に出てくるようになっています。

抵抗を測るだけなら、テスト棒に出てくるプラス／マイナスの極性は無関係ですが、半導体など、極性のある部品を測るときは、このことは重要ですから十分注意してください。また、LEDだけでなくほかの半導体もΩレンジの×1～×10のような低いレンジを使って測定すると大きな電流が流れて素子を破損する場合がありますから極性とともに十分注意しましょう。

ワンポイント

例外的に、デジタルテスターでもテスト棒に逆電圧が出力される機種もあります。ただしダイオード検査レンジでは必ず赤テスト棒にプラス、黒テスト棒にマイナスが出力されます。

デジタルテスターのDCV レンジで他方のデジタルテスターのΩレンジが出力する電圧を測定すると(特にオートレンジで)、出力電圧が自動的に低くなり過ぎて内蔵電池の極性を測定できない機種もあります。

直流電流の測定

図 2-2-4　直流電流の測定方法

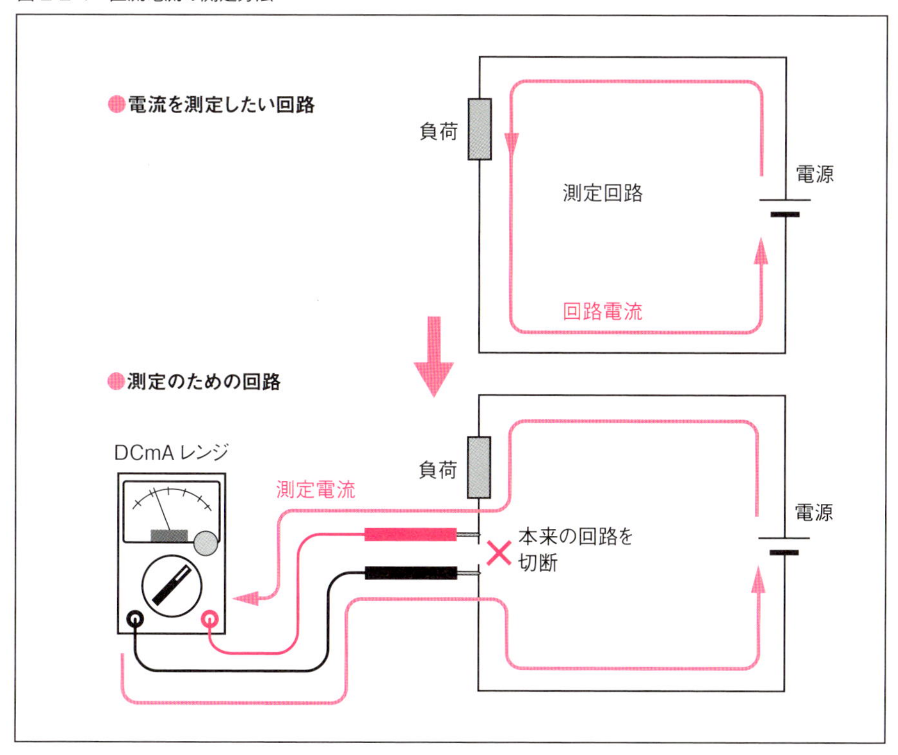

直流電流測定の準備

直流電流を測定する機能は一部のテスターにしか備わっていません。それは、直流電流の測定作業にはそれなりの準備と予備知識が必要とされるからです。

直流電流をテスターのDCmA（または DCA）レンジで測定する場合は、図2-2-4のように、測定したい回路を切断して、テスターを介入する必要があります。測定する回路電流が、テスター内部を通過することで、電流を測ることができるのです。

予備検討

ここで大切なことは、測定前に回路に流れるおおよその電流を、あらかじめ調べておく必要があることです。実際の電流が設定レンジの値より大きいと、指針が振り切れるばかりでなく、テスターを破損する危険性があるからです。テスター内部にはヒューズが使われていますが、切らないに越したことはありません。

図 2-2-5　抵抗挿入法による電流測定

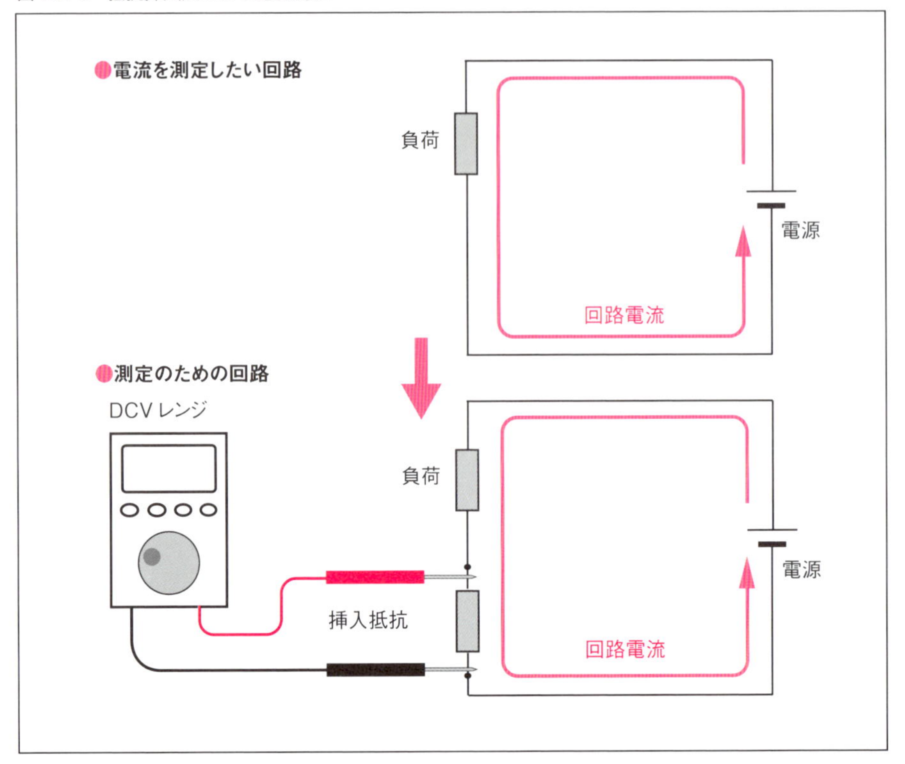

電圧計で電流を測定する方法

テスターの電流測定レンジを使わないで電流を測定する方法もあります。それが、抵抗挿入法です。

図2-2-5は、挿入抵抗の両端に発生する電圧を測ることで、回路の電流を測る方法の説明です。挿入抵抗は、本来の回路電流に大きな影響を与えない程度の低い抵抗を使います。また、抵抗の消費電力は発熱電力以上の定格のものを使います。

挿入抵抗の両端に発生する電圧は、電源の数％以下が好ましいのですが、あまり低いと、測定誤差が大きくなってしまいます。

たとえば、回路電流が2A 程度で、電源が24Vの場合、挿入抵抗の両端に、1V 程度の電圧（電源の4.2％）を発生させるとすれば、挿入抵抗は、

$$R = \frac{V}{I} = \frac{1}{2} = 0.5\Omega$$

を使います。このとき発生する熱は

$$2A \times 1V = 2W$$

となりますから、短時間測定でも2W型、できれば発熱量の3倍、6W以上の消費電力のセメント抵抗を使う必要があります。

準備ができたら、実際に挿入抵抗両端の電圧を測定して、

$$回路電流 = \frac{測定電圧}{挿入抵抗}$$

の式から、回路電流を求めます。

抵抗挿入法は、交流にも使える便利な方法ですが、あらかじめ予備計算をして、適切な抵抗値とワット数のセメント抵抗器を選定しておきましょう。

図 2-2-6　セメント抵抗器

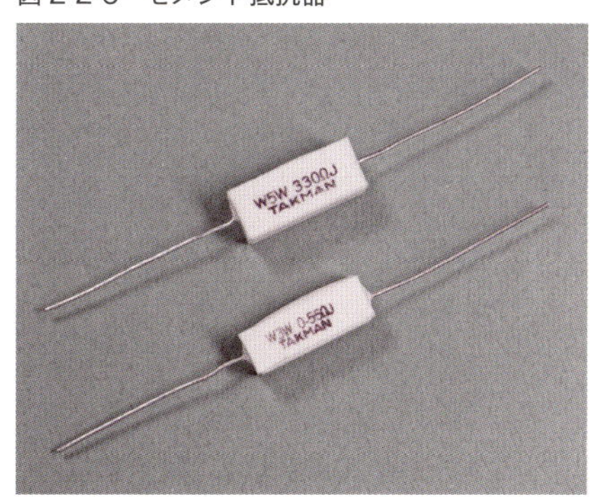

図 2-2-7　熱を発生する電気器具

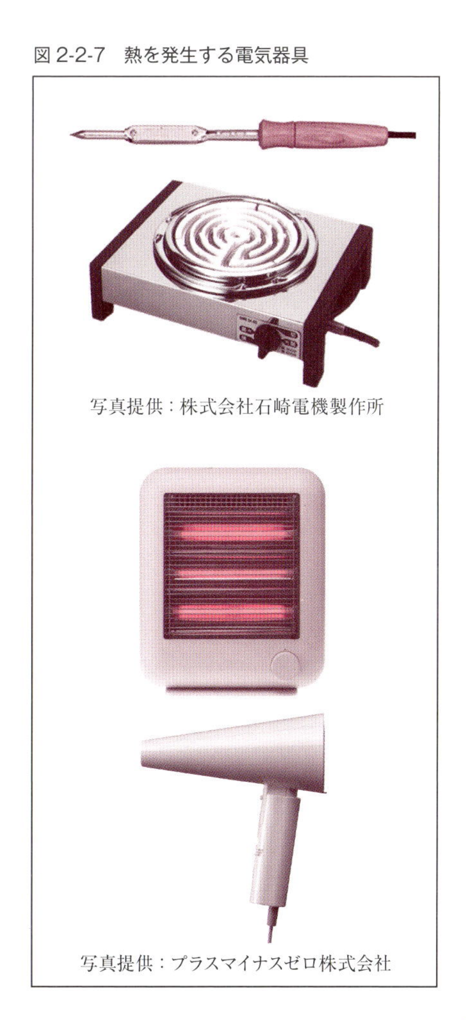

写真提供：株式会社石崎電機製作所

写真提供：プラスマイナスゼロ株式会社

ワンポイント

抵抗に電流が流れるとジュール熱と呼ばれる熱が発生します。電気ストーブやドライヤー、半田ごてなどもジュール熱を利用する機器といえます。導体には必ず抵抗がありますから、電流が流れている導体は多少の差はあってもジュール熱が発生しています。

RΩの抵抗体にIAの電流がt秒流れると、

$$W = RI^2 t \quad 〔J〕（ジュール）$$

の熱が発生します。オームの法則を使えばこの式は

$$W = VIt = \frac{V^2}{R}t$$

とも書けます。

なお、1W(ワット) は1J(ジュール) の仕事を1秒間でする仕事率なので、たとえば10J の仕事を5秒ですれば、仕事率は

10÷5=2W

ということになります。

2-3 テスターのアクセサリ

学ぶ

高電圧測定プローブ

高電圧を測れるアタッチメント

テスターには、計測できる最大電圧が表示してあり、これより高い電圧を測定することはできません。しかし、機種によっては、「高電圧測定プローブ」と呼ばれるアタッチメントを付けることで、より高い電圧を計測することができます。

高電圧としては、ブラウン管のアノード電圧（10kV ～30kV）、コンデンサスピーカー（500～1000V）、液晶のバックライト（600～1000V）、空気清浄器（2～8kV）などがあるようです。高電圧プローブは内部には、分圧用の高抵抗が組み込まれていますから、測定した電圧を乗じることで元の電圧を知ることができます。

しかし、高圧プローブで測定する場合においても、高圧に対する深い知識が必要で、送電線のような高エネルギー電路の測定は、絶対避けなければなりません。

図 2-3-1　高電圧測定プローブ

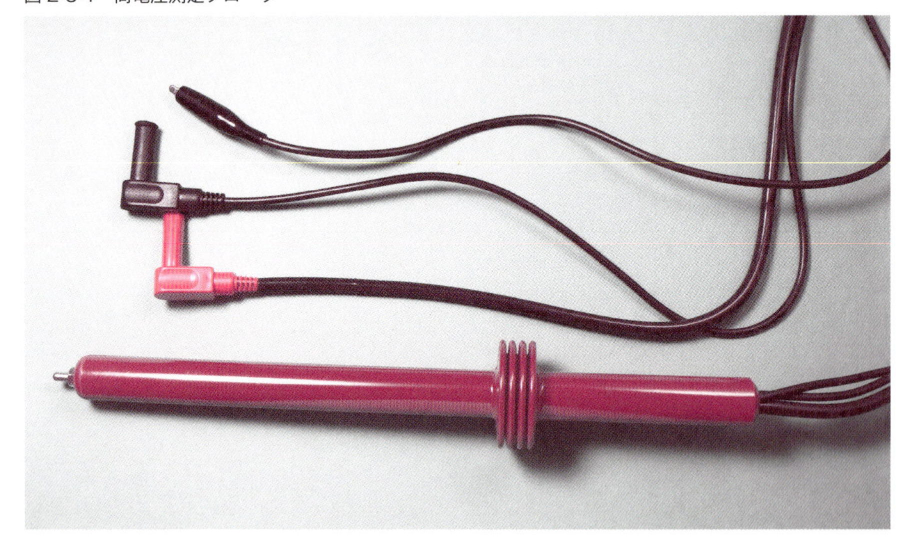

AC プラグ付きテストリード

コンセントを長時間計測

AC100V の電圧を監視するような場合、ごく短時間なら、通常のテスター棒をコンセントに差して計測できますが、たとえば、オフィス内の電力使用状況によって発生する電圧降下を観測しようと思うと、つらいものがあります。特にエアコンなどは不定期に動作するため、ある程度長い時間をかけて観測する必要があります。

こんなときに威力を発揮するのが「AC プラグ付きテストリード」です。

これを使えば、テスト棒を支えながら観測を続ける必要はなくなります。

コンセント型出力のスライダックや周波数コンバータなど、工場や研究施設でも簡単に使える、便利な一品といえるでしょう

図 2-3-2　AC プラグ付きテストリード

アリゲータークリップ

手を離しても測定できる

アリゲータークリップ（ワニグチクリップ）は、手が使えない状況で端子電圧などを観測するときに必要となるアイテムです。

オシロスコープのプローブ先端のクリップを外すと、尖ったピンタイプに変更できますが、テスターの先端は通常、ピン型だけしかありません。

しかし、このアリゲータークリップを使えば、テスターもオシロスコープと同じように使えるというわけです。

片手でテスター棒を無理な姿勢で支えながら測定していると、回路をショートさせるようなことも起きかねません。これがあればそんな事故も防止できます。

図 2-3-3　アリゲータークリップ

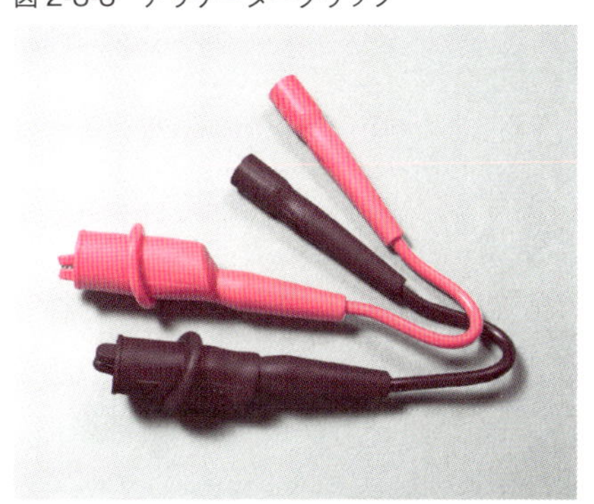

2-4 アナログテスターの原理

学ぶ

テスターの原理回路

図2-4-1はアナログテスターの原理回路図です。

メーター（M）は高感度な電流計でできています（P58参照）。プラス端子側からマイナス端子側に流れる電流が大きいと指針も大きく振れます。指針が指す目盛で電流の大きさを知ることができます。

R1はメーター内のコイルが持つ抵抗の値です。

図2-4-1　アナログテスターの原理回路

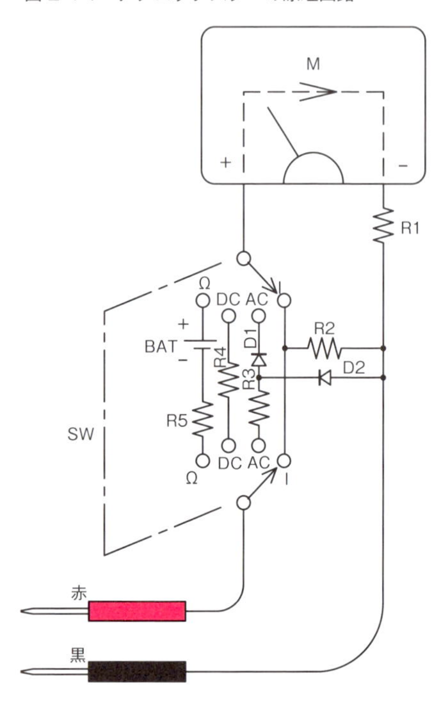

ロータリースイッチの仕組み

ロータリースイッチ SWはレンジを切り替えるためのスイッチで、上側のスイッチと下側のスイッチの接点は同じ記号どうしが、IとI、ACとACのように連動して切り替わります。

・直流電流測定レンジ（I）

SWがIの位置では、直流電流測定レンジになります。低い抵抗値のR2がメーター回路に並列に入るため、大きな電流を通過させることができます。R2の値を変えることで電流計の感度を変更することができます。

・直流電圧測定レンジ（DC）

SWがDCの位置は直流電圧測定レンジです。抵抗R4がメーターに直列に入ります。このため、テスト棒間に電圧がかかると、この電圧に比例したわずかな電流がメーターを流れることになります。つまり、指針の振れる角度で2本のテスト棒間の電圧を測定することができるわけです。メーターの感度が高いほど、抵抗R4は高い値の抵抗を使うことができ、テスター内部を通過する電流も小さくすることができます。

アナログテスターのスケール板には「DC20kΩ/V」のように表示されていますが（図2-4-2）、これはテスターの内部抵抗値を表す値で、「DC20kΩ/V」は、DC10Vレンジを使った場合の内部抵抗は200kΩであるということを表しています。この値が高いほど高感度なテスターです。

・交流電圧測定レンジ（AC）

SWがACの位置は交流電圧測定レンジです。抵抗R3が回路に直列に入ってくるところまでは直流電圧測定レンジと同じです。DCレンジと違っているのはダイオードD1とD2が入っている点です。

交流は交互に電流の流れる方向が切り替わる電流です。赤テスト棒にプラス電圧がかかったときは、電流は「R3→D1→メーター→R1→黒テスト棒」の回路で流れますが、逆に黒テスト棒側にプラス電圧がかかったとき、電流は 「黒テスト棒→D2→R3→赤テスト棒」 の回路で流れます。つまり、メーターには一方向の電流しか流れなくなるため、直流電流のメーターで交流電圧を測定することが可能となります。

・抵抗値測定レンジ（Ω）

SWがΩの位置は抵抗値測定レンジです。測定回路には電池（BAT）が入ってきます。この電池の電圧を使うことで、テスト棒の両端に接続した抵抗に電流を流して、その値を測定することで抵抗値がわかります。

この回路を見てわかるように、メーターのプラス端子側へプラス電圧を与えるためには、内蔵電池BATのプラスはメーター側に接続される必要があります。このため、内蔵電池のマイナス側が赤テスト棒側に接続され、プラス側が黒テスト棒側に接続されることになります。P50に記した抵抗値測定の極性の原理はこうした理由によるものなのです。

実際のアナログテスター回路はもう少し複雑で、また、同じ直流電圧レンジにしても複数の範囲のレンジが設けられています。また、交流測定の回路も、例にあげた回路は「半波整流回路」と呼ばれる回路ですが、実際は「不完全全波」ないし「全波整流」と呼ばれる回路が使われることもあるようです。

図 2-4-2　テスターの内部抵抗値表示

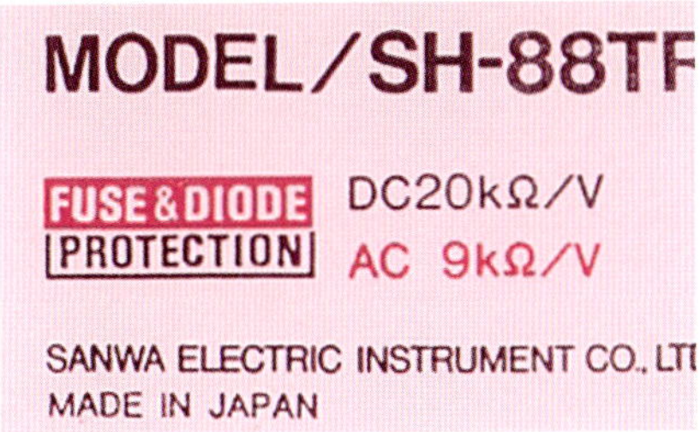

ワンポイント

アナログテスターの内部抵抗は一般的に数kΩ～数10kΩですが、デジタルテスターの内部抵抗はとても高く、1M（メガ）Ω（1000kΩ）以上あるといわれています。このため、通常の使い方では内部抵抗の存在は無視できるため、内部抵抗の値は表示されていません。

ムービングコイルメーターの原理

図 2-4-3　ムービングコイルメーターの仕組み

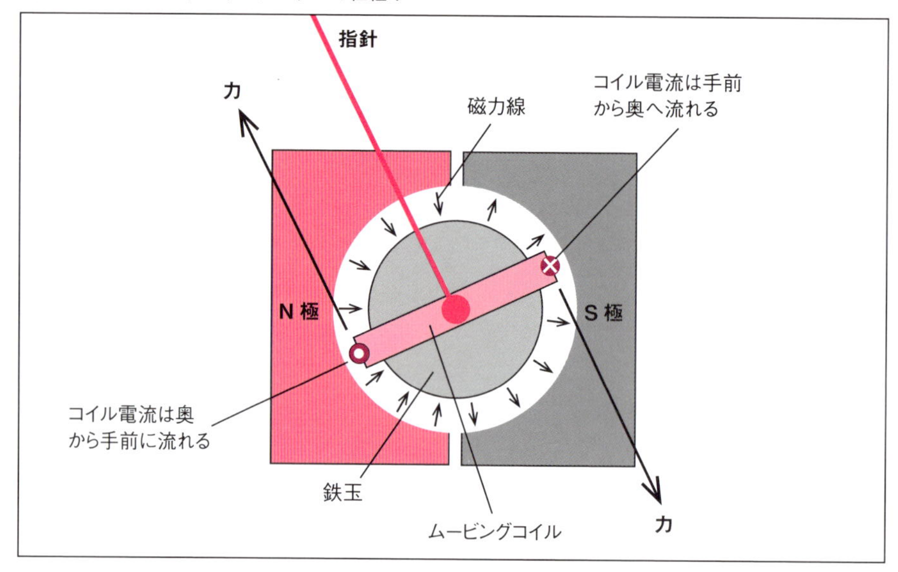

メーターの針が動く仕組み

ムービングコイルに電流を流すと、図2-4-3のN極側では、コイル電流は奥から手前方向に流れ、逆にS極側では手前から奥方向へ流れます。このため、ムービングコイルに加わる力の方向は、N 極側でもS 極側でも時計回りになります。

発生する力の強さは磁界の強さと電流の強さに比例しますが、マグネットの強さは一定ですから、ムービングコイルを回転させる力は電流の強さに比例することになります。

なお、磁極とムービングコイルの間の磁場が、どの位置でも均一になるように、鉄玉と呼ばれる軟鉄製の円柱形の部材が使われています。

アナログテスターに使われる電流計のメーターは、フレミングの左手の法則（P44）が使われている点ではモーターと同じですが、モーターは連続回転ができる構造になっているのに対し、テスターのメーターは通過する電流の大きさに比例した角度だけ、指針が回転するように作られています。

ワンポイント

コイルとマグネットを使って電流を測定する方式としては、コイルが動く可動コイル式(ムービングコイル式) と、固定したコイルに鉄片を吸着する可動鉄片式とがあります。可動鉄片式は構造が簡単で、交直両用というメリットはありますが、電流の大きさと鉄片に働く力が比例しないため、メーターとしての用途には適していません。

トートバンド式とピボット式メーターの原理

トートバンド式メーター

ムービングコイル式メーターの一種です。特徴は、トートバンドと呼ばれる細いワイヤのバネで、可動コイルが宙吊りにされていることです。

可動コイルには、ワイヤを通じて測定電流が流れます。測定電流の強さは、可動コイルと共に動く指針で読み取ることができます。

トートバンド式メーターは機械的ショックに強いという特徴があります。一方、弱点として、電流値が変化したときの指針の動きが遅いといわれています。

図 2-4-4　トートバンド式メーター構造図

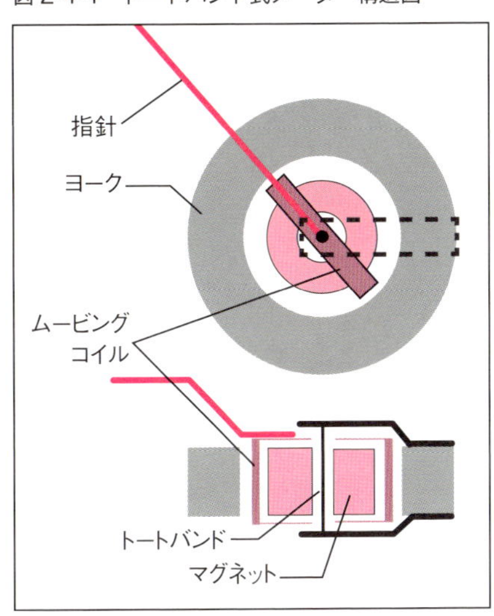

ピボット式メーター

ピボットとは、旋回できる軸受のことをいいますが、このピボット式メーターの回転部はピボット軸受で支えられています。またバネは、渦巻き状のゼンマイバネで作られています。

測定電流は、ゼンマイバネを通してムービングコイルに流れます。

ピボット式メーターは機械的ショックに弱いのが欠点ですが、トートバンド式に比べ、電流が変化すると、指針も素早く動きます。

図 2-4-5　ピボット式メーター構造図

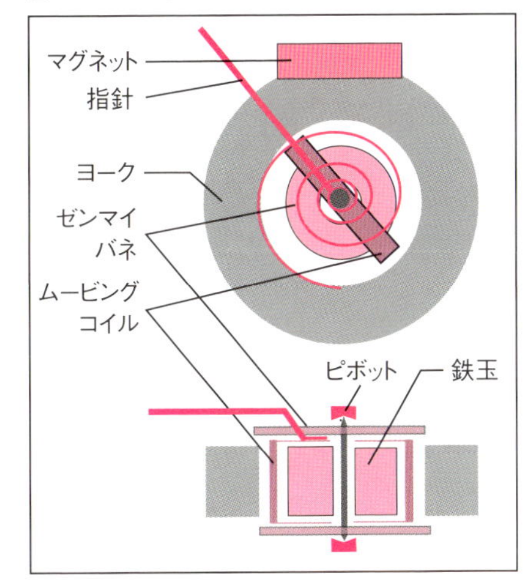

ワンポイント

ピボット式メーターは、機械式時計の心臓部に似た機構を持っています。シンプルな構造のトートバンド式に比べ構造が複雑なため、徐々に生産量としては少数派になりつつあるようです。しかし、指針の応答性が重視されるアナログテスターとしては今後のピボット式メーターの健闘も期待したいものです。

2-5 アナログテスターの特性

学ぶ

レンジ切り替えとスケール

図2-5-1　DCVレンジを30に設定

図2-5-2　DCVレンジを300に設定

直流電圧のレンジ

直流電圧を測定するときはロータリースイッチをDCVレンジの、測定電圧より大きめのレンジに回します。たとえば、24V程度の電圧を測定する場合12V以下のレンジに合わせると指針は振り切れてしまいます。また、高過ぎるレンジに合わせると、目盛で読み取れる精度が低くなってしまいます。

図2-5-1と図2-5-2は、ともに24Vの電圧を測定した写真です。30Vレンジではスケールの1目盛りが0.5Vですが、300Vレンジを使った場合は1目盛は5Vになってしまうため、電圧を読み取れる精度はとても低くなってしまいます。なお、測定電圧が予測できないときは最高レンジで測定してみて、指針の振れが小さい場合は徐々に測定レンジを下げていきましょう。

レンジによっては桁を修正して読む必要があります。例に用いた30Vレンジはスケール板には最大値30Vがあるため、指針が指す目盛をそのまま読むことができますが、レンジを300Vに切り替えて測定するときは、目盛の値を10倍にして読む必要があります。

交流電圧のレンジ

交流電圧はACVレンジで測定しますが、レンジの合わせ方、スケールの読み取り方は直流の場合と同じ要領です。機種によっては、ACV専用のスケールの場合もあります。

抵抗値測定のレンジとスケール

図2-5-3　測定前の0Ω調整

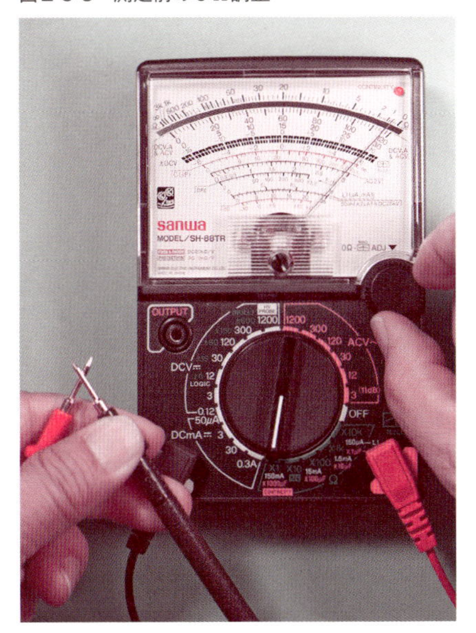

図2-5-4　抵抗値測定レンジを×100に設定

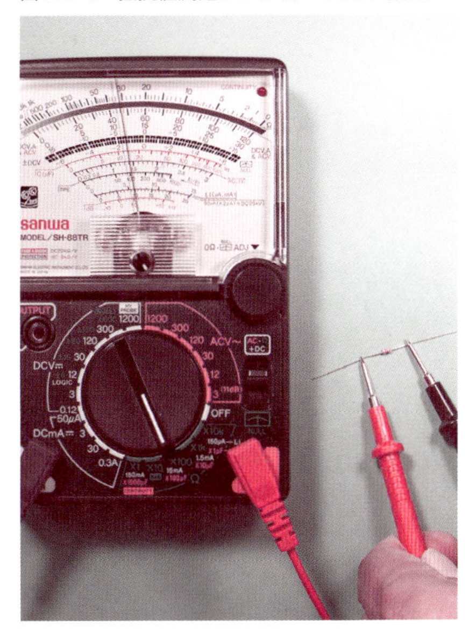

抵抗値測定のレンジ

抵抗値の測定は、Ωレンジで測定する前に、図2-5-3のように、赤と黒のテスター棒を接触させた状態で、指針が0Ωの目盛に合うように、0Ω調整つまみを回して調整してください。同じΩレンジでもレンジ幅を切り替えるごとに調整する必要があります。内蔵電池が消耗していると調整できない場合がありますので、そのよう場合は新しい電池に交換しましょう。

抵抗値の指針はΩスケールの値を読んで、たとえばレンジが×100なら、100倍した値が実際の抵抗値です。図2-5-4のレンジは×100で、指針が32を指していますから、抵抗値は

100×32＝3200Ω

となります。

抵抗レンジの上手な使い方

指針の振れが小さ過ぎたり、逆に0Ω付近まで振れ過ぎていると正確な測定値を読み取ることが困難になります。抵抗値が予測できない場合は、指針がなるべく中央付近になるレンジをまず探し、次に0Ω調整をしてから改めて正確な抵抗値を測定するようにしましょう。

ミラーを使った指針の読み方

図 2-5-5　ミラーの像と指針がずれている

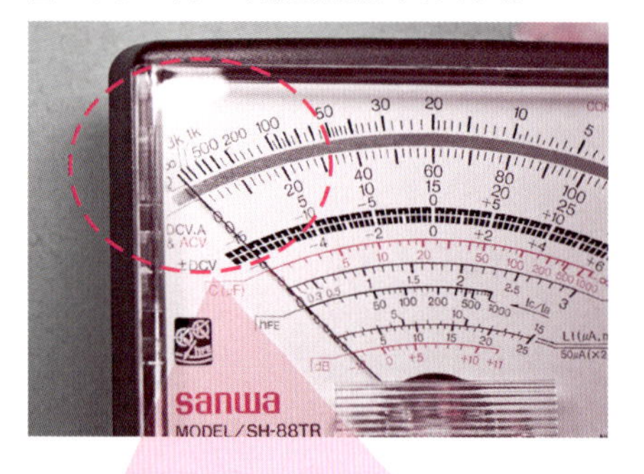

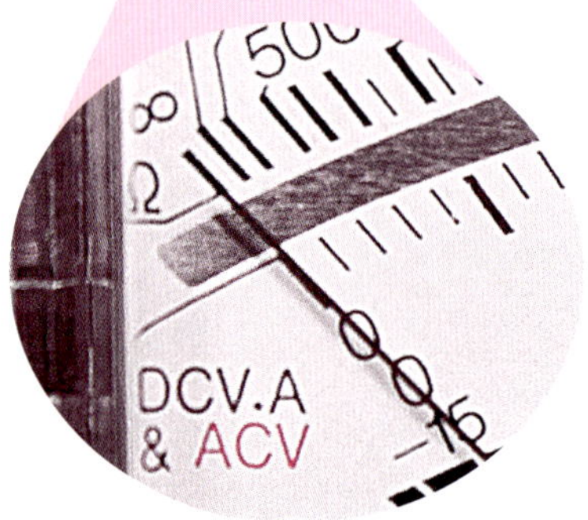

図 2-5-6　ミラーの像を指針が合っている

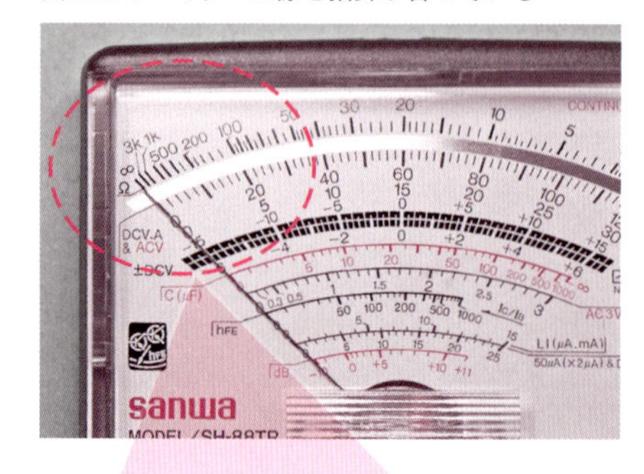

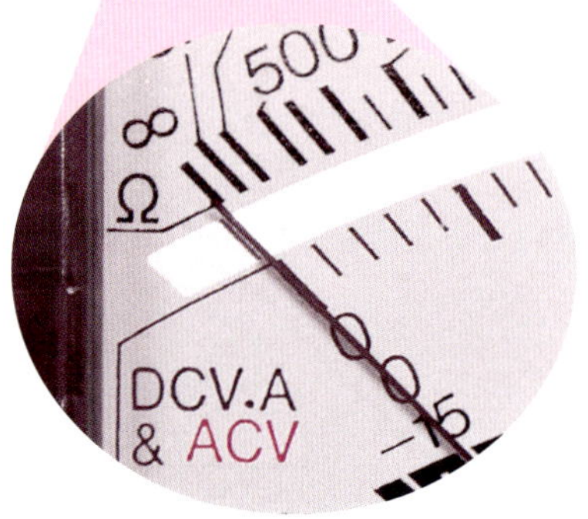

指針の位置がずれて見える

アナログテスターの指針はスケール板からやや浮いているため、斜めの方向から見たりすると正しい目盛りの値が読み取れないことがあります。

図2-5-5と図2-5-6は、同じ電圧の値を測定した写真ですが、指針が違った位置に見えます。

図2-5-5は、指針と背景のミラーに映った指針の像は一致していません。図2-5-6では、指針は１本に重なって見えています。

指針を真上から見る

ミラーはスケール板と平行に取り付けられているため、指針と、指針が反射して見える像が一致して見える視点位置は、スケール板に対して垂直ということになります。

つまり、指針が１本に重なって見える位置で、指針のスケールを読み取ると、正確な測定値を読み取ることができます。

簡易なアナログテスターにはこのようなミラーが付いていない機種もあります。

指針のゼロ位置調整

指針のゼロ位置

アナログテスターは、電圧や電流がない状態における指針の位置をゼロ位置といいます。アナログテスターには、スケールのゼロ位置に合わせる調整機構が設けられています。

抵抗値測定の際の0Ω調整は電気的なボリュームによって行うものですが、このゼロ位置調整ネジは、指針を吊っているバネの回転位置を機械的に決めるためのネジです。

指針をゼロ位置に合わせてみよう

テスターのロータリースイッチをOFFの位置に回します。

ミラーを使って見たとき、図2-5-7のように、スケールの0目盛りに指針がちょうど合っていなかった場合は、小型のマイナスドライバーを使い、指針ゼロ位置調整ネジを回して、指針が0の目盛りに合うよう調整します（図2-5-8）。

図 2-5-7　指針がゼロ位置に合っていない

図 2-5-8　指針がゼロ位置に合っている

2-6 デジタルテスターの原理

学ぶ

AD変換

測定値を表示するふたつの方式

滑らかに変動する電圧をアナログテスターで測定すると、指針も図2-6-1のように、連続的に滑らかに変化します。

一方デジタルテスターで、このような電圧を測定すると、電圧は液晶表示器に表示されますが、0.3秒毎に1回というように、飛び飛びの数字が表示されます。

図 2-6-1　アナログテスターの測定値

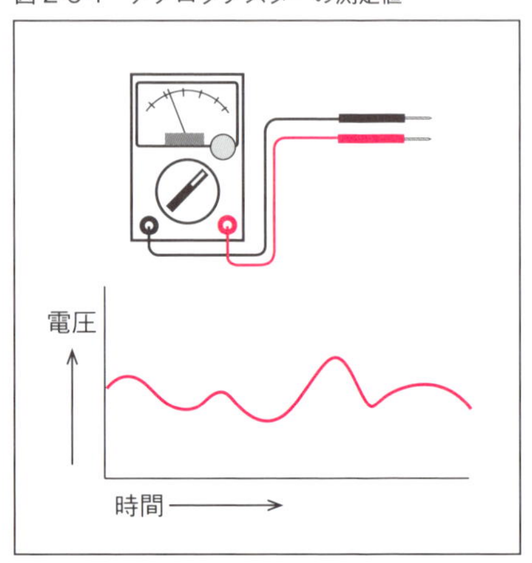

測定値をデジタル数値に変換

アナログテスターは測定値をリアルタイムで指針に表示することができますが、デジタルテスターは、入力したアナログ測定値を、一定の時間をかけて分析して、これを数値に変換して液晶表示器に表示します。

この変換を、AD 変換（アナログーデジタル変換）といいます。AD 変換には、次のような代表的な方式があります。

- 二重積分方式
- デルタシグマ（ΔΣ型）方式
- VF 変換方式
- 逐次比較方式
- パイプライン方式
- フラッシュ方式

図 2-6-2　デジタルテスターの測定値

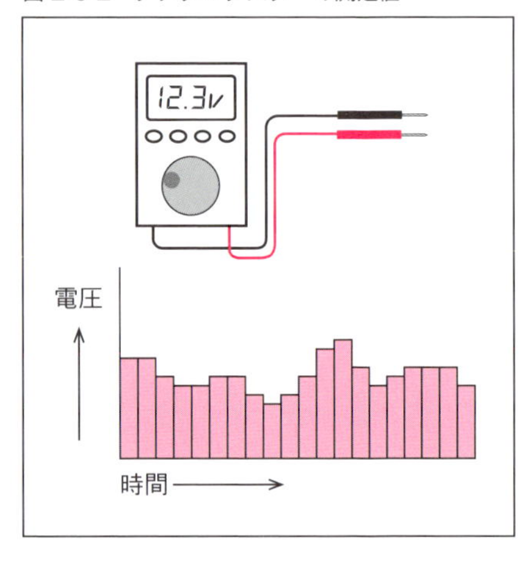

テスターには二重積分方式やデルタシグマ方式が多く使われています。

積分回路と微分回路

積分回路

図2-6-3Aのように、オペアンプ出力からマイナス入力側へ、コンデンサを介して入力を戻すと、入力信号の大きさが積算される働きとなります。これを積分回路といいます。

この積分回路は、入力に図2-6-3Bのような信号が入った場合、入力信号がプラスなら出力電圧は下降し、入力がマイナスになると出力電圧は上昇というような積分動作をします。入力電圧の絶対値が高いほど出力は急勾配になります。

図 2-6-3　積分回路の入力と出力

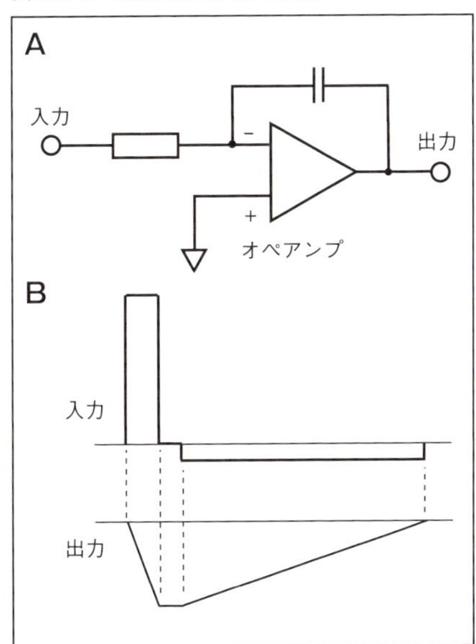

微分回路

図2-6-4Aは、オペアンプ回路の入力部にコンデンサが入った微分回路です。微分回路は、入力に図2-6-4Bのような信号が入った場合、入力信号の立ち上がりで出力電圧が一瞬下降し、入力信号の立ち下がりで出力電圧が一瞬上昇するという微分動作をします。

図 2-6-4　微分回路の入力と出力

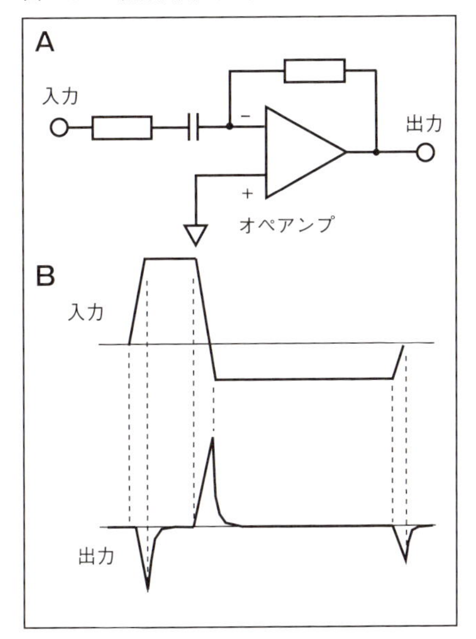

ワンポイント

オペアンプ(OPアンプ)は、演算増幅回路とも呼ばれ、信号を忠実に増幅できる回路ユニットです。現在ではIC化された多種のOPアンプが市販されています。一般的なOPアンプは、2本の入力と1本の出力、およびプラスとマイナスの電源端子を持っています。周辺回路を工夫することで信号間の電圧をアナログ値で演算するなど広範囲な用途に用いられています。

二重積分方式

図 2-6-7 二重積分回路図

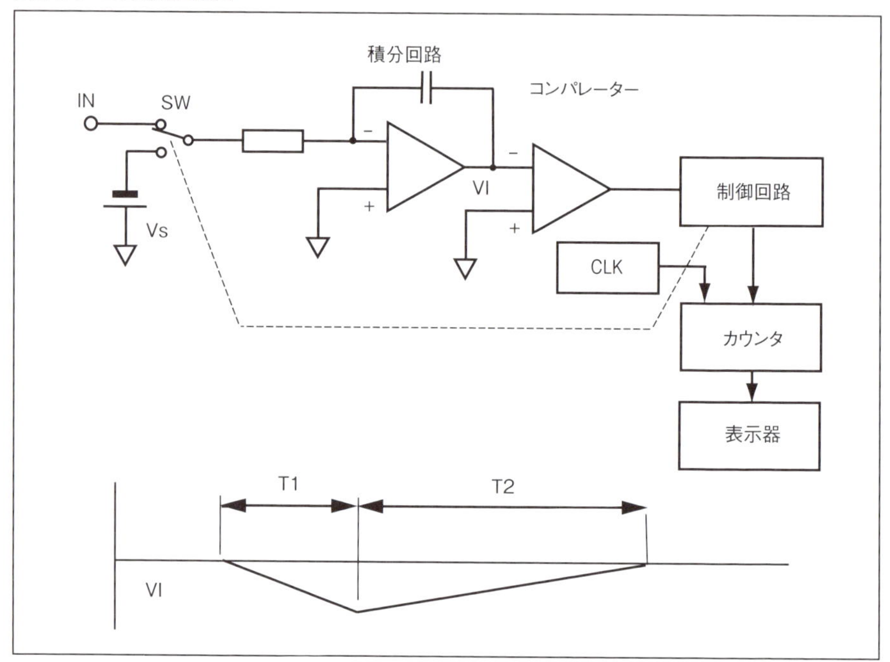

積分回路の動作原理を利用したのが二重積分方式によるAD変換回路です。

測定電圧の取り込み

測定電圧が入力(IN)に加わると、積分回路の出力電圧(VI)は直線的に下降を開始しますが、一定時間(T1)に下がる電圧値は、測定電圧に比例します。

取り込んだ電圧を時間へ変換

測定電圧の取り込みが終わり、スイッチ(SW)が下側に切り替わると、次は基準電圧(Vs)で決まる傾斜で電圧VIは直線的に上昇します。コンパレータの出力電圧(VI)が0になるのを検出して、制御回路は停止しますが、VIが上昇を開始してから0になる時間T2は、測定電圧に比例することになります。

CLKはクリスタル発振回路で、時間T2の長さを計測するためのカウンタを加算し、動作終了で計数値を表示器に出力します。

二重積分方式は、こうした方法で、測定電圧のアナログ量を、カウント数のデジタル量に変換します。

デルタシグマ（⊿Σ）方式

図 2-6-8　デルタシグマ変換原理図

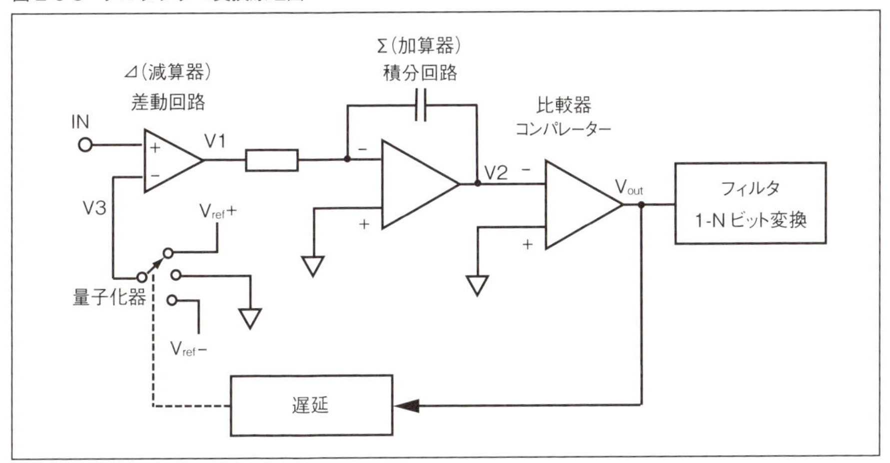

テスターに使われるデルタシグマ（ΔΣ）AD 変換には、1ビットADC（アナログーデジタルーコンバータ）が使われています。

差分計算・累積加算

この方式では、まず差動回路により、入力アナログ信号から比較電圧を減算（Δ）して、その差分を求めます。

次の加算器では、減算器の結果が累積加算（Σ）されます。

量子化

量子化器は、加算器の計算結果の符号を1クロック遅延して、比較電圧を決めます。使われる比較電圧として、プラス側の比較電圧を使うか、マイナス側の比較電圧を使うかは、1クロック前の積算値の比較結果がフィードバックされています。

1ビット⊿Σ方式の出力

量子化器を制御している比較器の出力 (Vout) が1ビットシグマデルタADC の出力となります。入力信号は、高速のクロックに同期して1、0のパルス列に変換されて出力されていきますので、パルス密度変調（PDM）と呼ばれることもあります。最近のハイレゾオーディオ機器では、従来のCD機器に使われていたADC より忠実に入力波形を録音できるデルタシグマADC が採用されています。

デジタルテスターの特性

サンプリング間隔

図 2-7-1　サンプルレートの概念

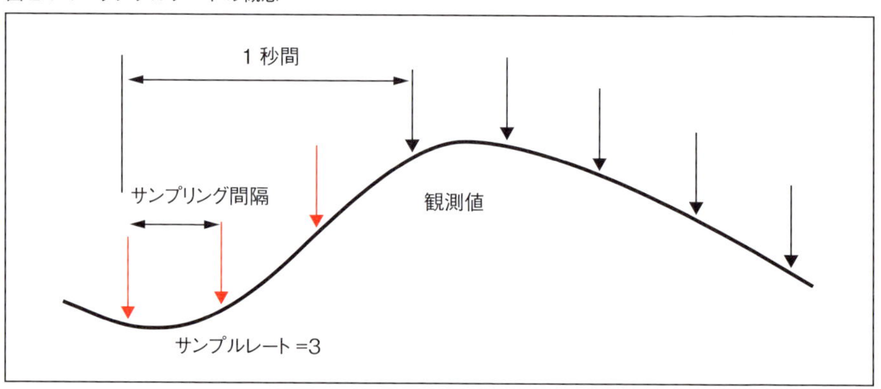

正確なデジタルテスターの宿命

デジタルテスターとアナログテスターの違いは、単に測定値が数値で表示されるか、指針で表示されるかの違いだけではありません。

測定値の正確性だけなら、デジタルテスターはアナログテスターより優れているのですが、それだけではすまない問題があります。

その代表的な問題が、デジタルテスターのサンプリングの影響です。「サンプリング」は「抽出する」の意味ですが、デジタルテスターは、宿命としてサンプリングによって抽出した測定値しか表示できません。言い換えれば、連続していない、途切れ途切れの測定値しか計測できないのです。

図2-7-1はサンプリングの説明図です。デジタルテスターは、リアルタイムに測定値を表示しているのではなく、一定の間隔ごとに、その時々の測定値を表示していることになります。

その間隔を「サンプリング間隔」といい、一般的には0.3秒～0.5秒程度となっています。また、1秒間あたりのサンプリング回数は「サンプルレート」と呼ばれています。サンプリング間隔0.5秒のサンプルレートは2回/秒です。

技術的には、もっと高速にサンプリングできるはずですが、これより早く測定して表示しても、人間は値を読み取ることができません。

COLUMN

針の動きも重要な情報

アナログテスターでは、電圧や抵抗値を測定しているときに、指針が動いていると、値を読み取るのが困難になりますが、実は、この指針の動きも情報なのです。

アナログテスターは、信号の波形を観測できるオシロスコープほどではありませんが、リアルタイムな信号変化を、目で見て観測できる、優れた計測器といえます。

たとえば、電熱ヒーターの電源をONした直後の突入電流や、電解コンデンサの充電電流は、短時間で変化するため、デジタルテスターでの観測はまったく不可能ですが、アナログテスターなら観測できるのです。

2-8 アナログテスターの中級操作

使う

使うテスター

変動する電圧をチェックする

では、アナログテスターで変動する電圧を測ってみましょう。

ここでは、電気ポットを使って、電源を入れた直後に下がる電圧をテーブルタップで調べてみます。

手　順

1 テスター端子に黒と赤のテストリードを接続します。ロータリースイッチのレンジは交流電圧ACVで、100V以上の中で一番低いレンジに合わせます。例ではACV120に合わせています。

2 テーブルタップに電気ポットを接続し、同じテーブルタップにテスターのテスト棒を差し込みます。赤テスト棒と黒テスト棒の極性はありません。

3 テスターの指針を観察しながら、電気ポットの電源をONにします。

4 電気ポットのスイッチを入れた瞬間、テスターの指針が少し下がるはずです。これは電気ポットに大きな電流が流れるため、途中の電線の中で電圧降下が発生するためです。電気ポットの消費電力が大きいほど、またテーブルタップの延長コードが長いほど、降下する電圧は大きくなります。

1

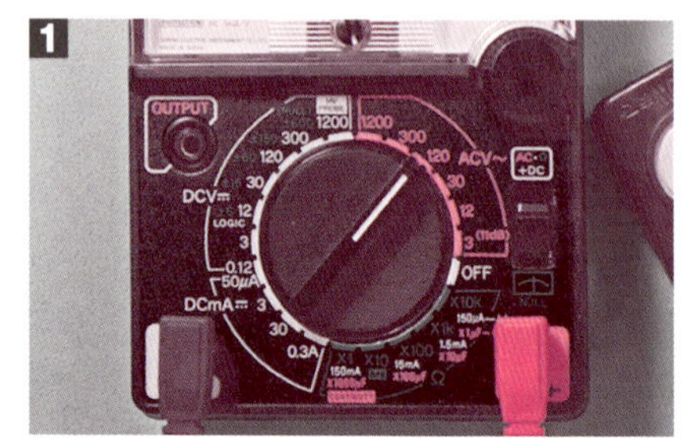

2

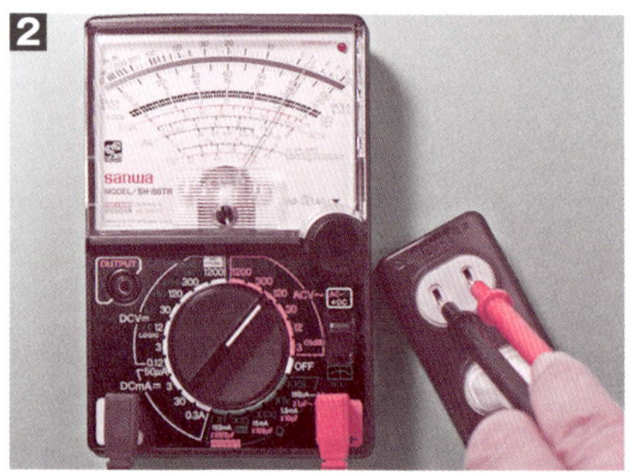

3

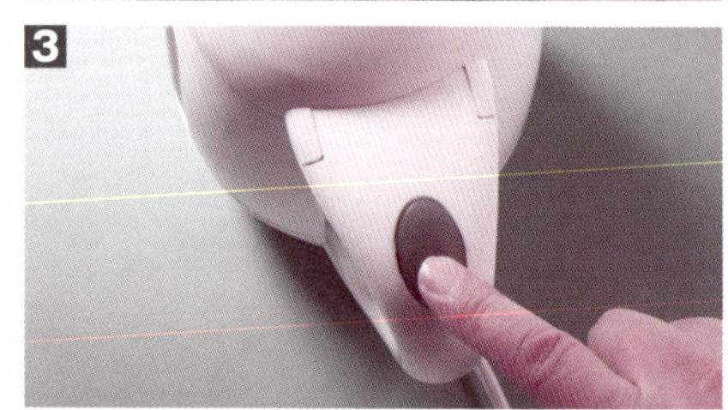

4

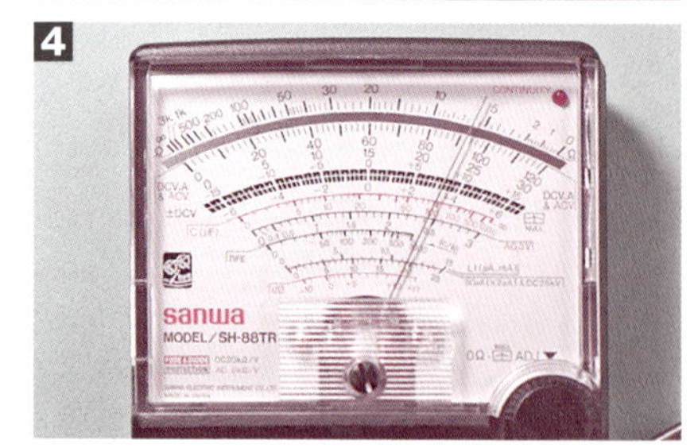

家庭やオフィスで、使用する電力が増減すると100V電圧もそれにつれて変動します。家庭で夕方などに、炊飯器とエアコンと電気グリルなどが同時に使われると、大きな消費電流が流れるため、電圧がかなり降下することがあります。テスターを使って確認してみましょう。

図 2-8-1　家庭用家電機器

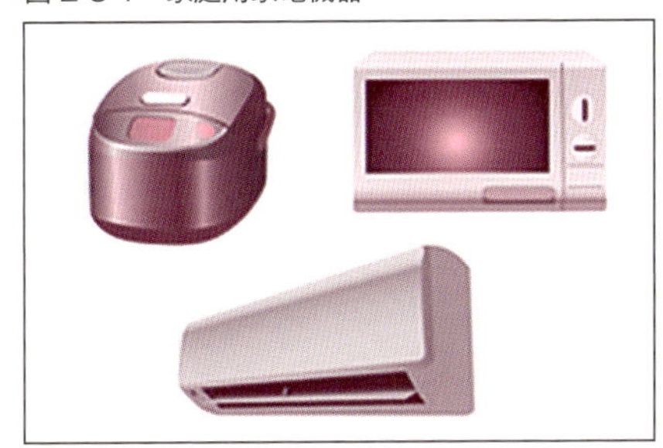

変動する抵抗をチェックする

導体の抵抗値は一定ではなく、温度によって変化することが知られています。金属では、温度が高くなると抵抗値は高くなります。

ここでは、半田ごてを使って、ヒーターの抵抗値が変動することを確認してみましょう。

手　順

1 半田ごてを加熱する前に、室温での抵抗を測ってみます。

テスターはΩレンジの×10のレンジを使い、テスト棒を半田ごてのプラグ穴間の抵抗値を測定します。×10ですから、測定値は150Ωでした。

2 半田ごてをテーブルタップに差し込み、5〜6分通電して十分過熱します。

1

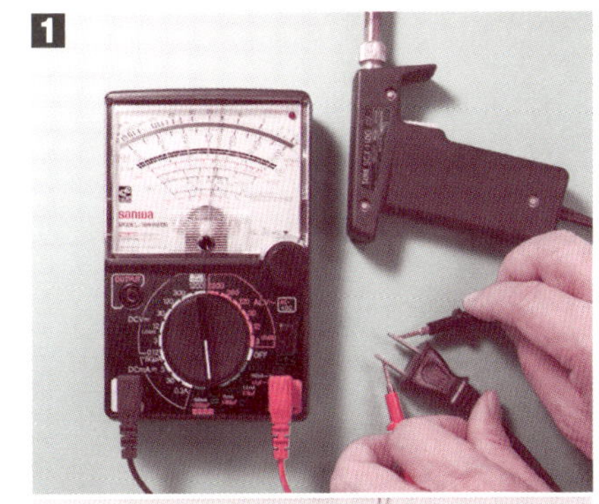

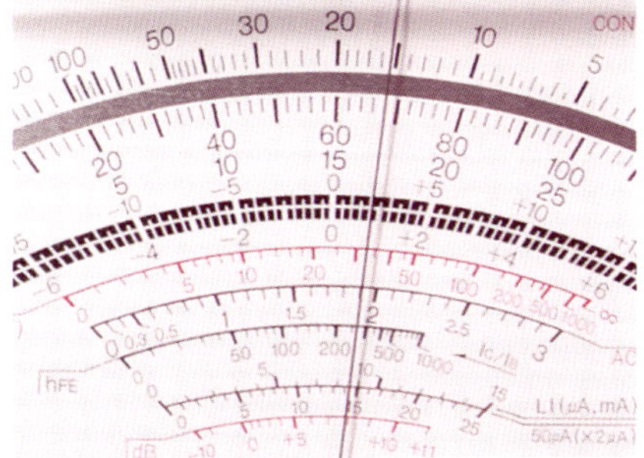

2

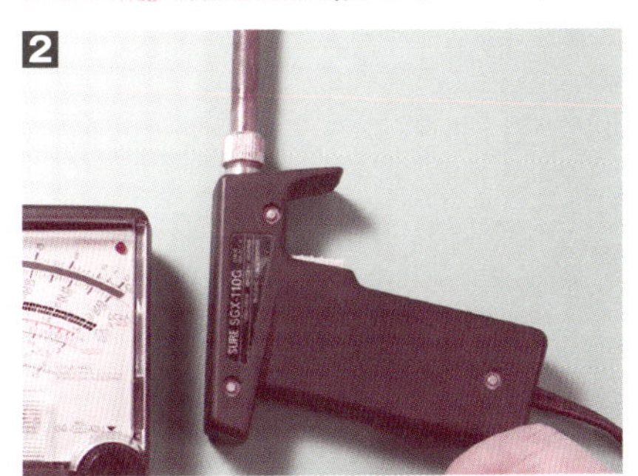

3 半田ごてのプラグを抜いたらテスターでプラグ間の抵抗を測定してみましょう。加熱前は150Ωでしたが、320Ωに上昇していることがわかります。半田ごては加熱されていますからやけどをしないように十分注意してください。

4 半田ごての温度が下がるにつれ、抵抗値も元に戻るのを観察してみましょう。

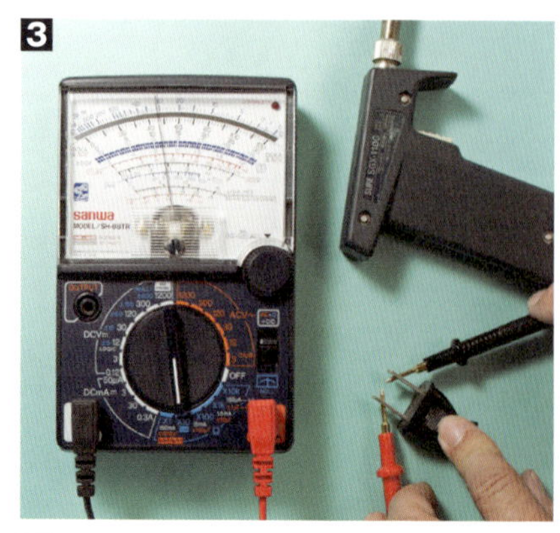

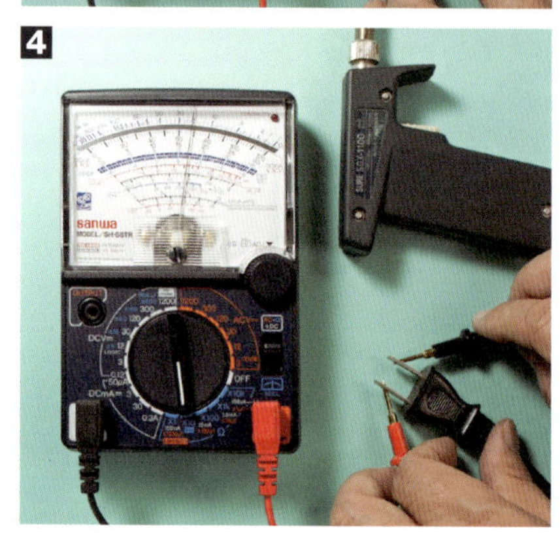

判　定

上でおこなった実験で、半田ごての抵抗値は常温で150Ωでしたが高温になると320Ωになることがわかりました。オームの法則を使うと、半田ごてに電源を入れたときの電流は、

$$100V \div 150\Omega = 0.67A$$

このときの消費電力は

$$100V \times 0.67A = 67W$$

そして、高温になると

$$100V \div 320\Omega = 0.31A$$

このときの消費電力は

$$100V \times 0.31A = 31W$$

になったことがわかります。

この現象は、半田ごてに限ったことではなく、白熱電球でも、ヘアドライヤーにも起きる現象です。電源をONにした最初だけ流れる大きな電流を「ラッシュカレント」といいます。

ワンポイント

瞬間的に大きな電流が流れる現象はラッシュカレントと呼ばれています。白熱電球は電源スイッチを入れた瞬間は、フィラメントの抵抗値が低いため大きな電流が流れます。80Wの白熱電球では定常値の10倍を越える電流が瞬間的に流れることもあります。最近は白熱電球の用途は減りつつありますが、一方ではAC電源をDC電源に変換する回路が一般化してきているため、ここに使われる大容量コンデンサへの初期充電電流が大きなラッシュカレントを発生することが知られています。また、冷蔵庫やエアコンに使われているモーターの起動の際も大きな電気エネルギーが必要とされるため、やはり大きなラッシュカレントが流れます。

素早く導通をチェックする

デジタルテスターは音で導通チェックできて便利ですが、ブザー音が出るまでには多少時間がかかるため、どうしてもチェックに手間取ってしまいます。アナログテスターを使うともっと素早くチェックすることができます。

手　順

1 ロータリースイッチで抵抗レンジの×10または×100に切り替えます。

2 ここでは、基板端部がコネクタになっているエッジ・コネクタを使って、基板のA 点が接続されているコネクタ端子を見つけてみます。

3 導通を調べたい基準となる接点にテスト棒を接触しながら、もう一方のテスト棒をコネクタ面に沿って軽く接触させながら移動させます。

4 わずかでも指針が動いたら導通の可能性がありますが、抵抗を介した回路でも指針は動きますから、まず最初の接触移動で、何箇所くらい導通があるか見当をつけます。

5 導通のあった接点を個々に当たり、抵抗が0になる接点を探し当てます。

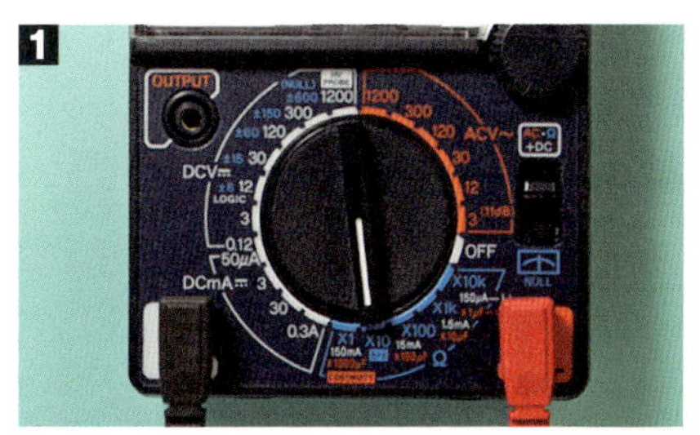

電解コンデンサの不良チェック

次に、アナログテスターを使って電解コンデンサの不良判定をしてみましょう。

注　意

テスターの内蔵電池の電圧より低い耐圧が表示されている電解コンデンサを測定するのはやめましょう。

手　順

1 放電用の抵抗１本：抵抗値10Ω～1kΩ（1/６W～1/2W型）を用意します。

2 ロータリースイッチでΩレンジを使いますが、電解コンデンサの容量が10μF以下なら×10kレンジを、10μ～470μFなら×1k～×100レンジ、470μF以上なら×10レンジ、というようなレンジに切り替えます。切り替えたら0Ω調整します。

3 赤テスター棒を電解コンデンサのマイナス極に、黒テスター棒をプラス極（無表示側）に接触させると指針が振れ、最大振れの後、徐々に戻ります。

判　定

やがて無限大（∞）Ωになればコンデンサは正常です。できれば、同じ容量の新品コンデンサの測定状況と比べ、大きな差がなければ正常といえますが、指針の振れが小さい場合、または無限大にならない場合は不良が疑われます。なお再測定に際しては放電抵抗を使い、コンデンサ内に貯まった電荷を放電してから実施してください。

図 2-8-2　電解コンデンサ

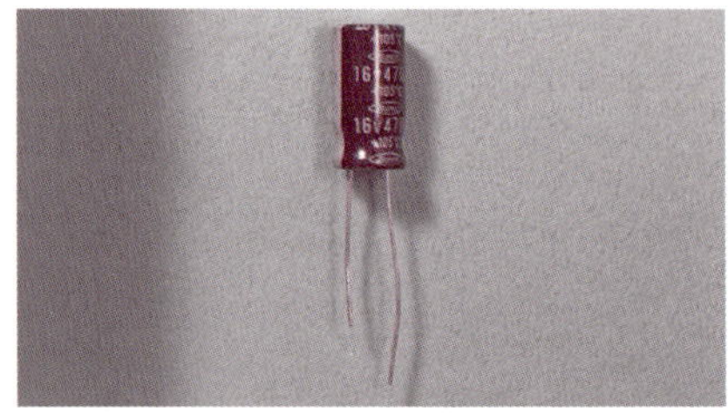

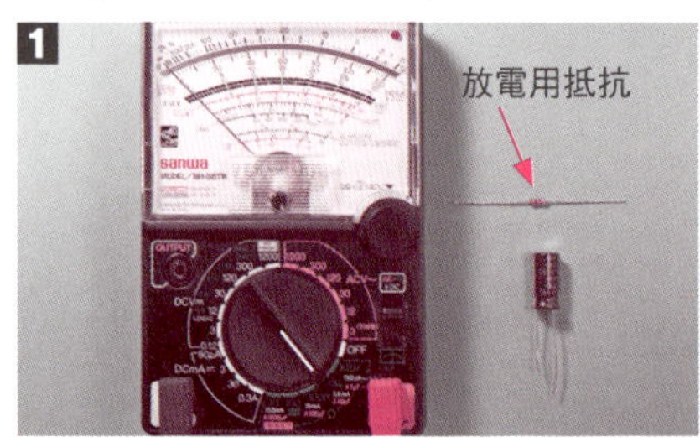

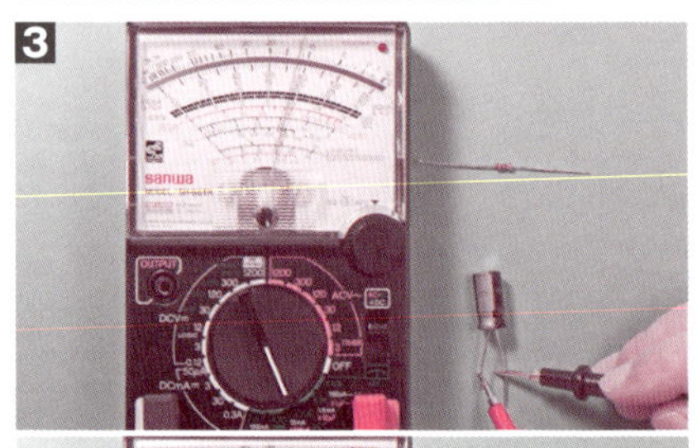

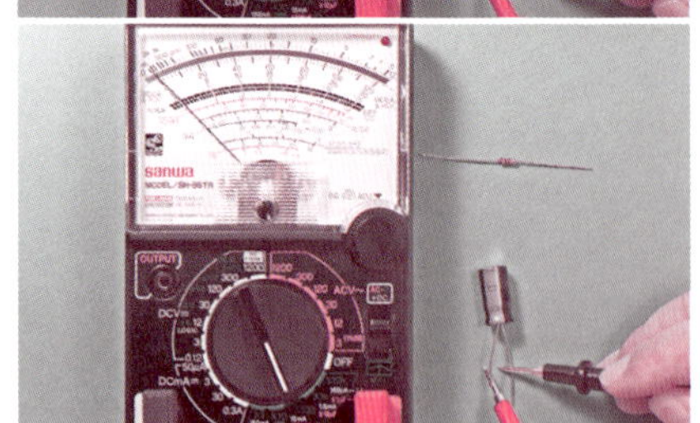

COLUMN

主なコンデンサの種類と値の見方

■コンデンサの種類

●セラミックコンデンサ(F)

周波数特性がよいため、高周波発振回路などに使われています。温度により容量が変化します。

●積層セラミックコンデンサ(D)

セラミックコンデンサを層状の構造にすることで大容量化されています。デジタル回路のパスコン(電源電圧安定用)として多数使われています。

●アルミ電解コンデンサ(B、C)

アルミの酸化皮膜と電解液を利用した大容量コンデンサ。電源平滑回路や、低周波信号結合用として使われます。プラスマイナスの極性があります。

●フィルムコンデンサ(A、E)

ポリプロピレン・フィルムなどを絶縁体として使ったコンデンサで、容量精度が高く、温度特性もよいため、精度が要求される発振回路や測定回路に用いられます。

■容量の単位と表示例

コンデンサ容量の単位

F（ファラッド）
μF(マイクロファラッド)　10^{-6} F
nF(ナノファラッド)　10^{-9}F
pF（ピコファラッド）10^{-12}F

容量の表示例

22　→ 22pF → 22×10^{-12} F
220μ → 220×10^{-6} F
104 → 100000pF → 0.1μF
222 → 2200pF

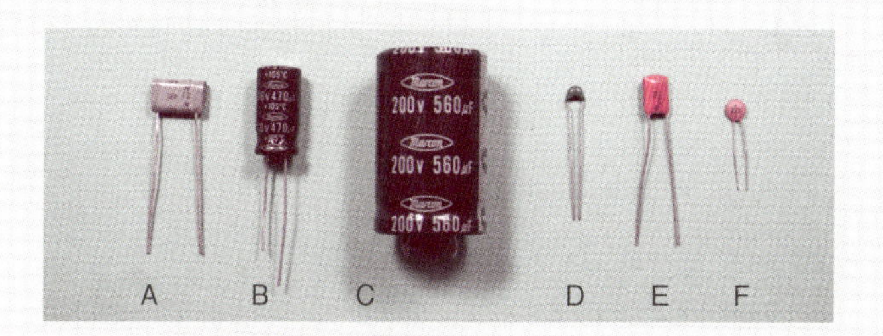

! ワンポイント

電解コンデンサは、多量の電荷を蓄える働きがあるため、ほとんどの電子機器に用いられていますが、連続使用で数年～15年が寿命の限界とされています。高温環境での寿命はさらに短いため、電子機器の故障の原因としては上位とされています。破損すると、ほかの電子部品の破損にもつながるため被害が大きくなります。破損前にケースが膨張する場合もあります。ケースの膨張などの異常を見つけたら、パンクする前に交換するのがポイントです。

2-9 ■使う

デジタルテスターの中級操作

使うテスター

周波数を測定する

周波数は、交流信号が1秒間当たりに流れる方向が変わる回数で、Hz（ヘルツ）で表します。デジタルテスターCD770（sanwa）で周波数を測定してみましょう。

手 順

1 ロータリースイッチをHzに切り替えます。

2 テスト棒を測定箇所に接触させて測定します。テスト棒の極性は関係ありません。例ではAC100Vのテーブルタップに来ている商用電源の周波数を測っています。

3 表示器に周波数が表示されます。東日本では50Hz、西日本では60Hzとされていますが、発電所のタービンの回転制御の都合上、0.5Hz程度の誤差が出る場合もあるようです。
なお、CD770では測定できる最高周波数は100kHzですが、数100kHzの高周波信号の測定が可能な機種もある一方、数10kHzまでしか測定できないテスターもあるようです。
また、CD770の周波数測定レンジにおける内部抵抗は、電圧測定レンジより低いため注意を要します。

1

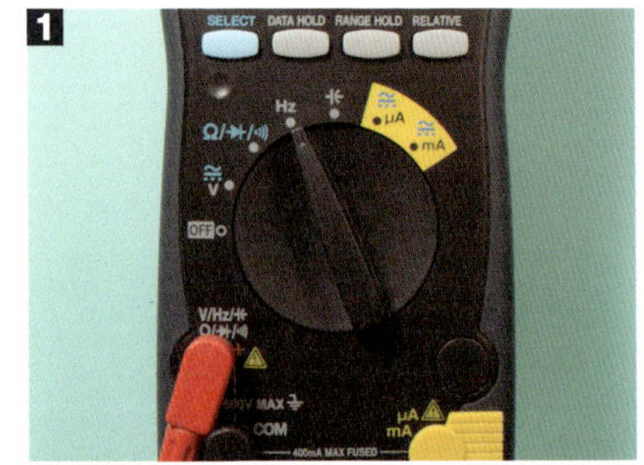

2

3

コンデンサ容量を測定する

コンデンサはふたつの電極間に電荷を蓄える電子部品で、容量の単位はファラッド(F)ですが、実際に使われているのは「マイクロファラッド(μF:10^{-6}F)」、「ピコファラッド(pF:10^{-12}F)」が多く、また「ナノファラッド(nF:10^{-9}F)」もよく使われます。

手 順

1 ロータリースイッチのレンジを⊣⊢(⊣⊢)に切り替えます。

2 テスト棒をコンデンサの両電極に接触させて、容量を読みます。注意としては、電解コンデンサには極性があるため、黒テスト棒をコンデンサのマイナス電極に当てるようにしてください。例では細かい作業に便利なアリゲータークリップを使っています。
テスターの電圧は低いので、反対電極に当てても、影響はないはずですが、念のため覚えておきましょう。なお、ピコファラッド単位の容量測定はテストリードを絡ませたり延長すると測定値が変化しますので避けてください。

3 コンデンサ容量が表示されます。コンデンサの容量測定、特に容量が大きいコンデンサの容量測定にはしばらく時間がかかります。表示の値が安定するまでテスト棒をコンデンサの電極に接触したままの状態にしてください。

1

2

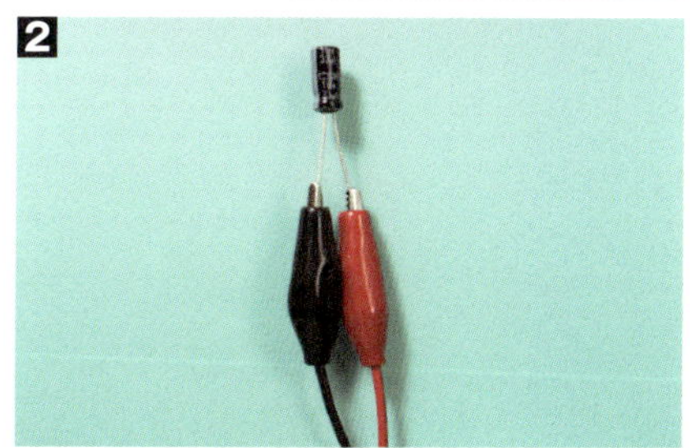

3

電源コードの断線を調べる

電源コードを動かすと装置が働いたり、止まってしまったりするときは、疑うのは電源コードの断線です。アイロン、ドライヤー、半田ごてなどの、プラグ付け根部分と、機器への固定部分は、折れ曲がり防止がしてあっても断線する可能性が高い箇所です。テスターを使って断線箇所を探してみましょう。

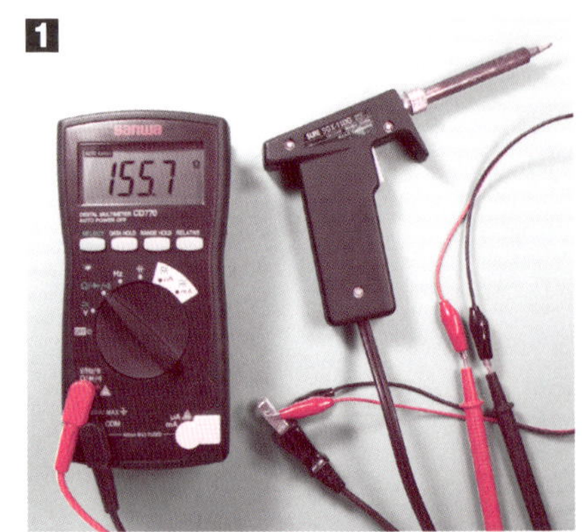

手　順

1 電源コードの断線の診断は、装置の電源コードを抜いた状態で、電源スイッチを入れます。

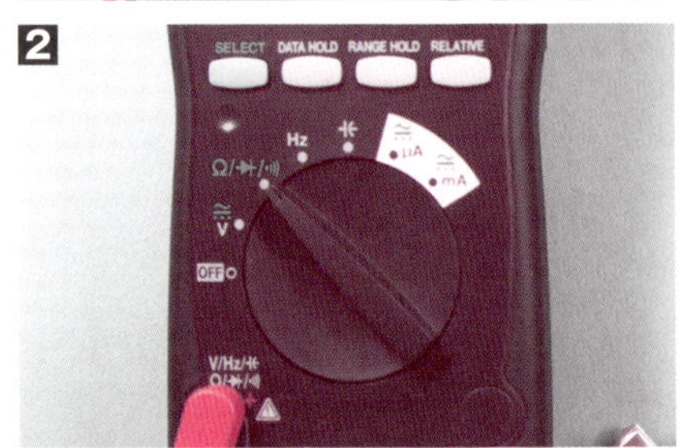

2 テスターをΩレンジにします。

3 プラグ先端の穴にテスター棒を入れて固定して、断線箇所を探してみましょう。プラグ根元付近をゆっくり曲げたり、押し込んだりすることで、抵抗値が変化しますか？　同じようにコード根元付近を調べてみましょう。抵抗値が「O.L」なら断線状態です。

対　策

断線修理は市販のコード接続器（図2-9-1）を使います。断線付近のコードを切除してコード接続器を使って修理しましょう。なお、電源コード自体を交換すると、電流容量や耐熱性の問題が生じることがあるので、装置に付属のコードを使ってください。

図 2-9-1　コード接続器

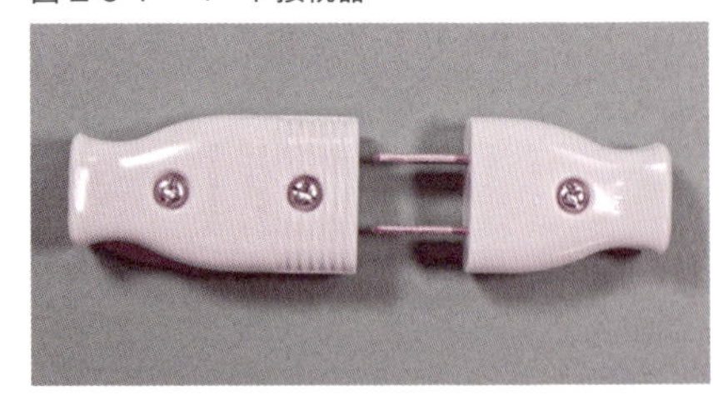

イヤフォンの断線を調べる

イヤフォン断線の診断方法も、基本は電源コードと同じです。

手　順

1 テスターはΩレンジを使います。

2 共通(COM) 端子と右(R) 端子間、または共通端子と左(L) 端子間の抵抗を測定しながら、イヤフォンの付け根部分またはプラグ付近を中心に断線箇所を探します。

対　策

断線箇所がイヤフォン本体付近の場合は、ボディーとネット付近のはめ込みを慎重に外し、半田を外してコードを詰めれば修理は可能ですが、プラグの根元部分の断線は、プラグがモールド成形されているため、補修は困難です。高価なイヤフォンは、不用なイヤフォンまたは安価なイヤフォンのプラグ部分だけを使って修理する手があります。

イヤフォンのコードを半田接続をするには多少のコツが必要です。イヤフォンコードは導線と一緒に強化繊維が織り込まれているのと、導線自体の表面がプラスチックで被覆処理されているため、半田が難しいのです。溶けた半田の中で導線の被覆を剥がすように、何回か擦ると半田をのせることができるようになります。修理する前に熱収縮絶縁チューブをコードに入れておき、半田付けが終わったらその部分にチューブを移動させ、加熱・収縮させて保護します。

図 2-9-2　イヤフォン

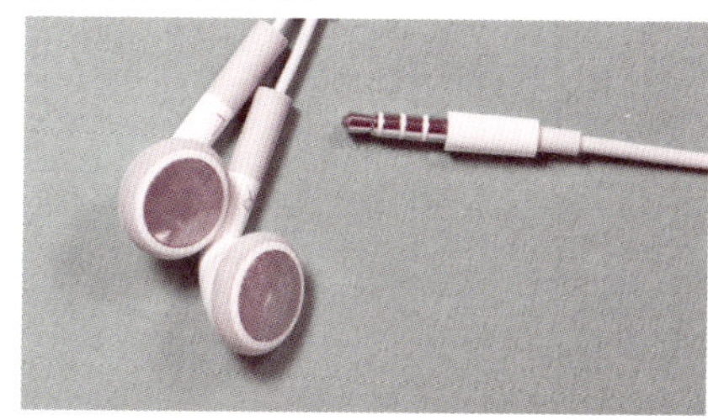

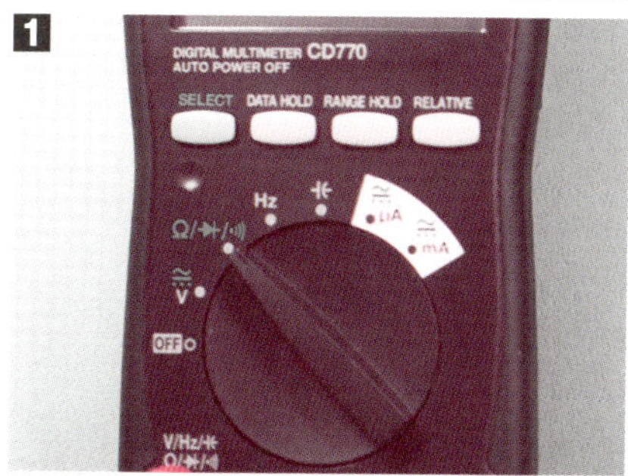

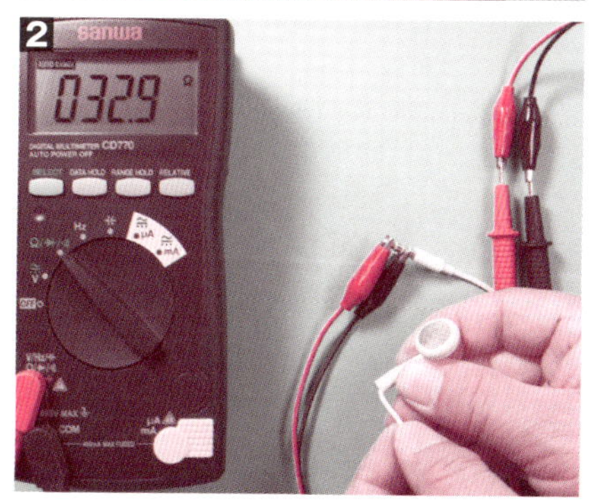

図 2-9-3　熱収縮絶縁チューブ

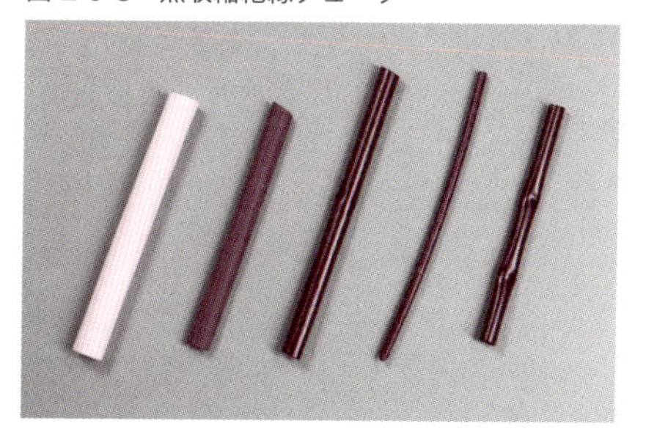

スイッチング電源の故障を調べる

AC100VからDC電源への変換は、以前は電源トランスが主流でしたが、現在ではスイッチング方式の電源が主流となっています。

スイッチング電源（図2-9-4）は図2-9-5のように、入力コネクタからAC100Vが供給され、出力コネクタからDC電源が出力されます。

図2-9-4　スイッチング電源

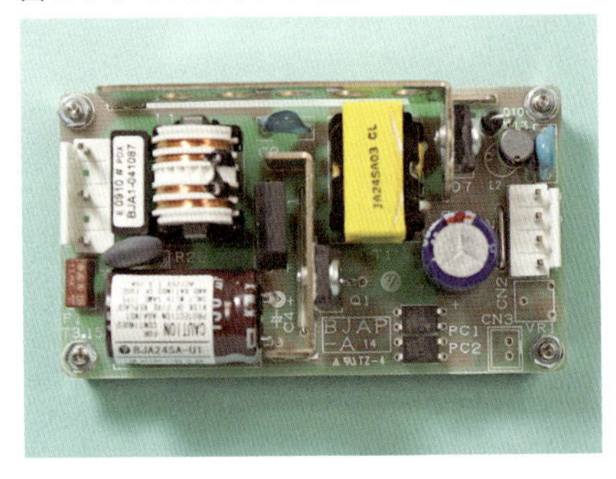

回路ブロック構成

回路構成は図2-9-5のように、ノイズ防止のフィルタの後、整流回路とコンデンサで直流化された後、MOSFET（P106参照）で断続（スイッチング）されてトランスで電圧が落とされ、再び直流に戻されますが、電圧を安定化させるためにフォトカプラを介してスイッチング回路へ電圧情報が戻されます。

複雑なスイッチング方式にする理由は、変換効率の向上のためです。商用電源の周波数は50または60Hzですが、スイッチング電源では数10kHz～数100kHzにすることができるため、トランスを極めて小型軽量にして、しかも大きな出力を得ることができるのです。

図2-9-5　スイッチング電源の回路構成

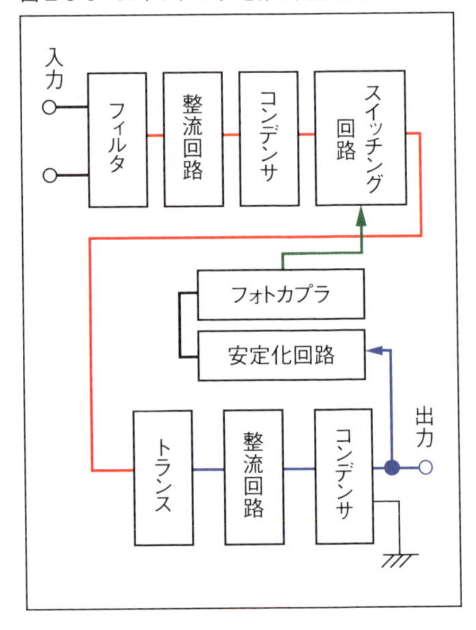

ワンポイント

フォトカプラは、LEDとフォトトランジスタをパッケージ内に組み込んだ電子部品です。電源トランスは絶縁された一次巻き線と二次巻き線間で電力を伝達するために用いられますが、フォトカプラは絶縁された2点間で信号を伝達するために用いられます。写真のTLP521-4は4回路入りのフォトカプラです。

図2-9-6　フォトカプラ

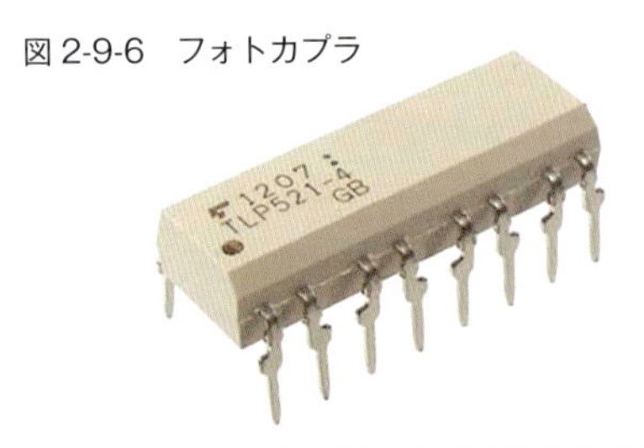

写真提供：株式会社秋月電子通商

次に、例として定格24V 1.1A スイッチング電源の故障を調べてみます。

手　順

1 まず、無負荷での出力電圧を測定してみます。テスターのレンジは DCV を使います。

2 出力電圧が24V で安定していることを確認します。

使用する電流と同程度の電流を流すために負荷抵抗を用意します。この例では　0.3A 程度を流すので計算上は

$$R=\frac{V}{I}=\frac{24}{0.3}=80\,\Omega$$

となりますが、抵抗33Ω×2＝66Ω を使っています。このとき電流は

$$I=\frac{V}{R}=\frac{24}{66}=0.36\mathrm{A}$$

抵抗ひとつあたりの消費電力は

$$W=V\times I=12\times 0.36=4.3\mathrm{W}$$

ですから5W 型抵抗が使えます。

3 負荷抵抗をスイッチング電源に接続して、電源を入れて出力電流を測定してみます。

判　定

正常な電圧が出ていない場合は電源の故障です。各種スイッチング電源が市販されていますから、入出力電圧が同じで同等の出力電流が得られる電源に交換することができます。

電解コンデンサが不良だった場合は、電解コンデンサとMOSFET（P106参照）を交換することで修理できる場合があります。

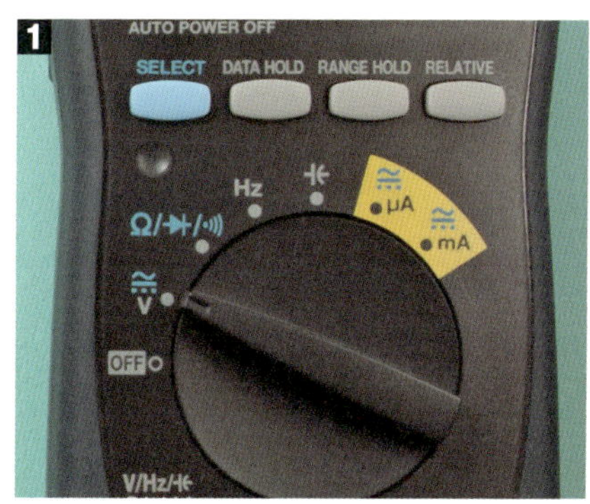

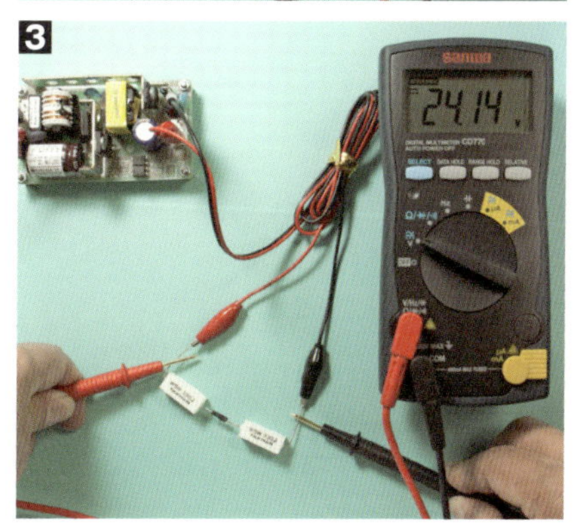

リモコンキーの接触不良を調べる

最近の家電の多くはリモコンで操作するように作られていますが、ときには特定のリモコンキーだけ操作できないなどの障害も発生します。

リモコンの操作キーは導電性ゴムのパッドが回路基板の接点から少し浮くように作られていて、キーを押すと、導電性ゴムパッドが基板側の接点パターンに接触することで回路電流が流れるような仕組みになっていますが、接点にゴミや汚れが付着すると、そのキーだけ入力できなくなってしまいます。そんなときは、汚れを除去して接点の機能を回復してみましょう

手順

1 マイナスドライバーなどでリモコンのケースを横から慎重にこじ開け、回路基板とゴム性のボタンシートに分離します。

2 アルコールで湿らせた綿棒で接点パターンと導電性ゴムパッド面を清掃することで回復させることができます。

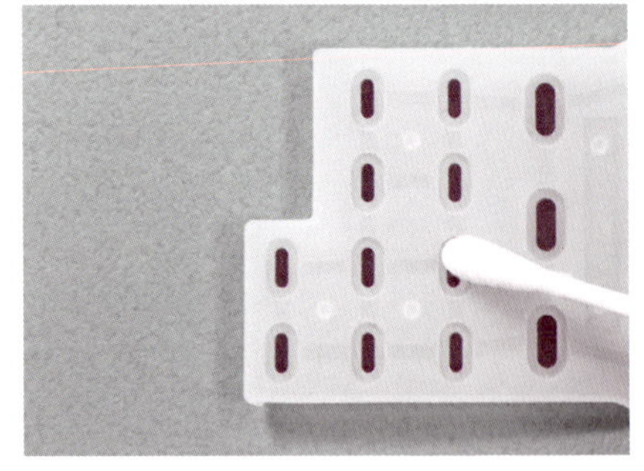

3 接点不良を起した接点の回路パターンを追って、テスト棒を接触することができる場所を探し、ゴムパッドを回路基板に仮置きします。
テスターをΩレンジにして、テスト棒を検査パターンに接触しながらキーを押したときに、表示がO.L から低抵抗値(数 k Ω以下) に変化すれば導通は回復です。

対　策

導電性ゴムパッドが剥離している場合は、少々厄介ですが、応急手当としては、アルミホイルを打ち抜きポンチで打ち抜くか、ハサミで円形に切り取り、くぼみの中に少量の合成ゴム接着剤で貼り付ける方法があります。市販の導電性アルミ箔粘着テープや導電性銅箔粘着テープを使うこともできます。あらかじめテスターでアルミや銅箔が接点として使えるか導通試験をしてみてください。

3

COLUMN

電池のチェック

写真のAP33（sanwa）には電池の消耗度をチェックするバッテリーチェック機能が付いていて、1.5V乾電池および9V乾電池の電圧を簡単にチェックすることができます。バッテリーチェック専用の装置も各種市販されています。

機種によって良否判定の基準は多少の相違はあるでしょうが、ある程度の電流を流しながらその電圧を測定することで判定するという方式が取られているようです。厳密に考えると、電池の残量予測は電池の種類によっても異なっていて、たとえばマンガン乾電池の電圧は徐々に低下していくため、残量を電圧から推定しやすいのですが、アルカリ乾電池の電圧は低下しにくい利点がある一方、残量が少なくなると急速に電圧が低下するため、残量を予測しにくいといわれています。また、環境温度によっても、あるいは、充電可能な二次電池の場合は充電回数などによっても大きく変わってくるため、正確な残量を予測することは困難と考えられています。簡単なバッテリーチェッカはあくまで目安を示すだけと考えるべきかもしれません。

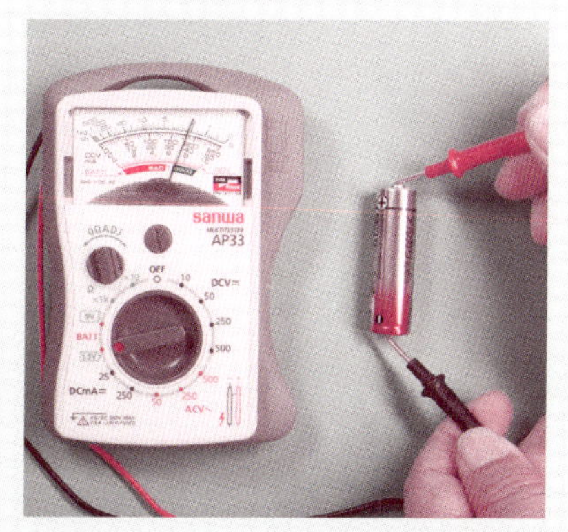

COLUMN

主な抵抗器の種類と値の見方

■主な抵抗器の種類

●炭素皮膜抵抗器（カーボン）

セラミック棒表面に炭素膜を付け、螺旋溝で抵抗値が調整されている最も一般的な抵抗器です。

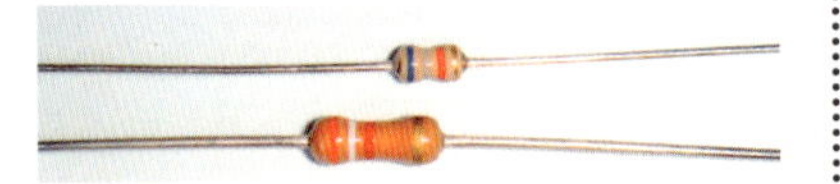

●金属皮膜抵抗器（キンピ）

抵抗体として金属皮膜が使われています。温度特性、電流雑音に優れた高精度な抵抗器です。外観は炭素皮膜抵抗器に似ています。

●酸化金属皮膜抵抗器（サンキン）

抵抗体として酸化スズなどの酸化金属皮膜が使われています。1W～5Wの中電力用抵抗器です。

●巻線抵抗器

セラミック棒に金属抵抗線が巻かれています。主に電力用です。

●セメント抵抗器

巻線抵抗器がセメント詰めされています。主に電力用です。

●集合抵抗器

複数の抵抗器がひとつのパッケージに入れられた抵抗器で、CPU回路などに多く用いられています。

E系列表

E24	E12	E6
±5%	±10%	±20%
1.0	1.0	1.0
1.1		
1.2	1.2	
1.3		
1.5	1.5	1.5
1.6		
1.8	1.8	
2.0		
2.2	2.2	2.2
2.4		
2.7	2.7	
3.0		
3.3	3.3	3.3
3.6		
3.9	3.9	
4.3		
4.7	4.7	4.7
5.1		
5.6	5.6	
6.2		
6.8	6.8	6.8
7.5		
8.2	8.2	

抵抗のカラーコード

値	色
0	黒
1	茶
2	赤
3	橙
4	黄
5	緑
6	青
7	紫
8	灰
9	白
金	±5%
銀	±10%

例:赤赤赤金は
22×10^2 → 2200Ω
→2.2kΩ±5%

●抵抗値の系列（E12系列）

1,10,100,1k,10k,100k,1MΩ
1.2,12,120,1.2k,12k,120k,1.2MΩ
1.5,15,150,1.5k,15k,150k,1.5MΩ
1.8,18,180,1.8k,18k,180k,1.8MΩ
（以下略）

●抵抗器の消費電力（W）

1/8,1/6,1/4,1/2,1,2,5,7,10,15,20

●抵抗値の数値表記例

121 → 12×10^1Ω = 120Ω
472 → 47×10^2Ω = 4700 = 4.7kΩ
超小型のチップ抵抗器は、カラーコードでは表示できないため数値表記されています。

Part 3

上級編

電子部品とテスター

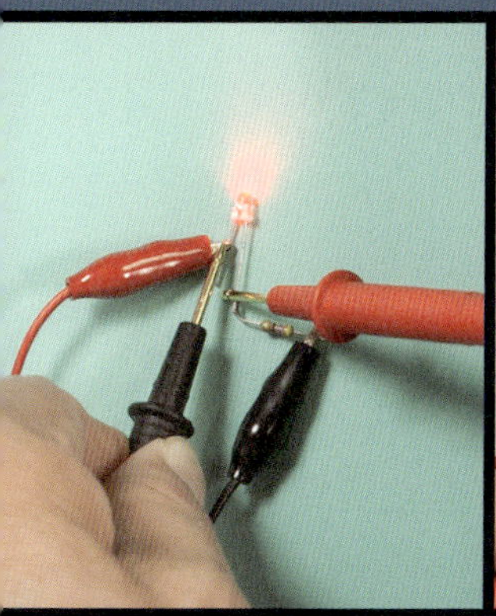

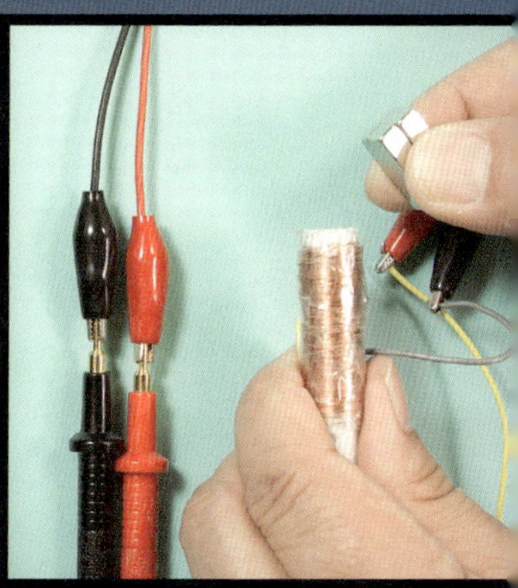

上級編では、電子工作などに欠かせない電子部品にフォーカス。半導体の基礎知識からLED、可変抵抗器、FET、フォトセンサーといったおなじみの電子部品をデジタル、アナログの両方のテスターを駆使してチェックしていきましょう。

3-1 半導体の基礎知識

学ぶ

半導体の構造

シリコン

代表的な半導体であるシリコン（ケイ素）Siは、原子番号14、ケイ酸塩Si-O-Siの形で各種岩石の主成分です。

シリコン原子は、外側の4個の電子が隣のシリコン原子と、互いの電子を共有する形で結合しています。シリコンのように、最外殻に4個の電子がある原子を4価の原子といいます。

純粋な半導体であるシリコンは、名前が示すように絶縁体と導体の中間の性質を持っていて、熱したり、光を当てたりすると電子が飛び出して電気を伝えやすくなります。飛び出した電子は伝導電子、電子が抜けた穴はプラスを帯びた穴のように振舞うため、正孔と呼ばれます（図3-1-1）。どちらも電荷を運ぶので、「キャリヤ」と呼ばれる場合があります。

N型半導体

ここにリン（P）のような、5価の不純物を混ぜると、余った外殻の電子がマイナス電荷の運び手の伝導電子となり、電気が流れやすくなります。これをN型半導体といいます（図3-1-2）。

図 3-1-1　シリコンの構造

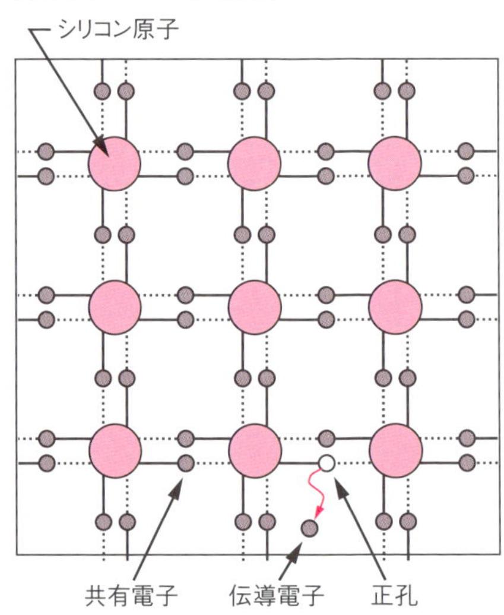

図 3-1-2　N 型半導体の構造

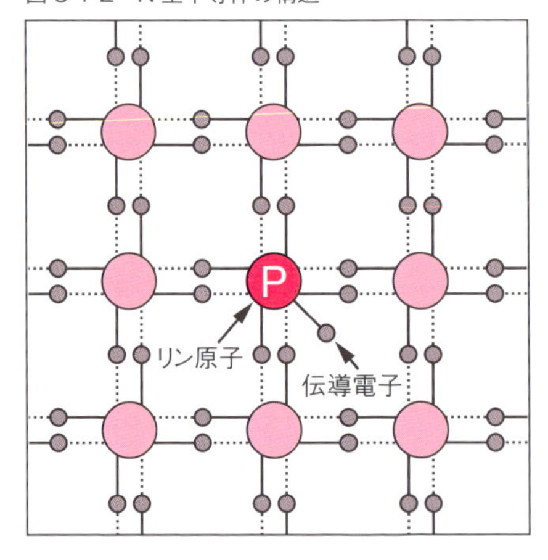

P型半導体

3価のホウ素（B）などを混ぜると電子の抜け穴（正孔）がプラス電荷の運び手になり、P型半導体となります（図3-1-3）。

なお、N型は電子の負電荷・ネガティブに、P型は正電荷のポジティブに由来します。

図 3-1-3　P 型半導体の構造

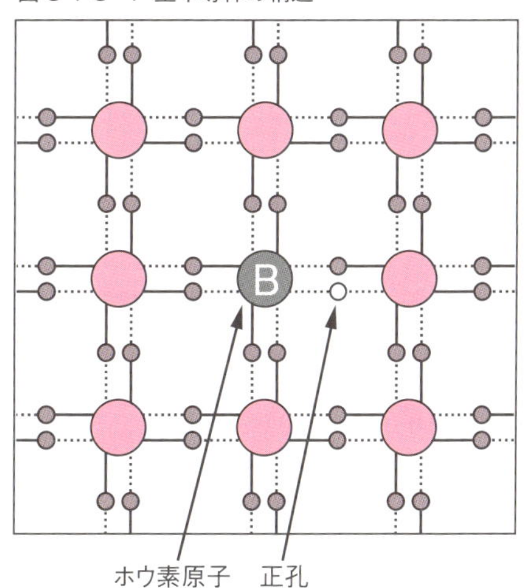

電流をコントロールできる半導体

金属や絶縁体は、電流を流すか流さないか、どちらか一方の性質しかないため、コントロールすることはできません。しかし半導体は、中途半端に電気を通すという性質が、逆に電気をコントロールすることに適していたともいえます。

真性半導体にわずかな不純物半導体を加えることで、プラスやマイナスの電荷を運びやすくなるという性質は、ダイオードやトランジスタとして、温度や光に反応すると敏感に電子が流れるという性質は、センサーとして使われており、現代の電子技術の中心的役割を担っています。

図 3-1-4　いろいろな電子部品

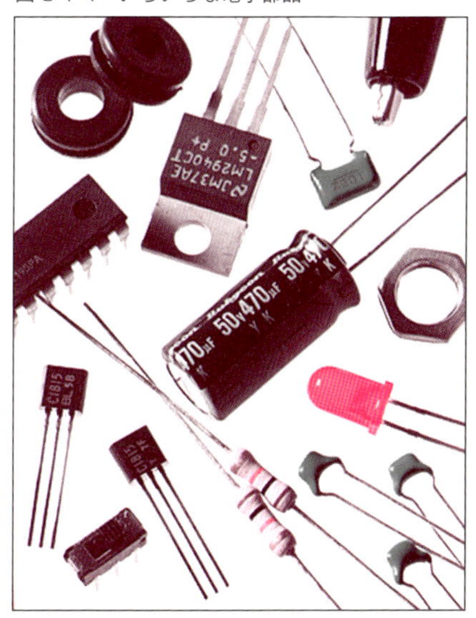

ダイオードの働き

整流作用

N型とP型の半導体を接合し、N極にプラス、P極にマイナス電圧をかけるとマイナスの電子はプラス極に、逆にプラスの正孔はマイナス極に引かれて分かれるため、電流は流れません（図3-1-5）。

しかし、N極にマイナス、P極にプラス電圧をかけると、電子はプラス極側へ、正孔はマイナス極方向に引かれて移動を開始します。しかも、プラス電荷もマイナス電荷も電極側から供給を受けることで電流は継続することになります（図3-1-6）。このようにダイオードに順方向電圧が印加されたときにだけ電流を流すのが整流作用です。

発光作用

運動する正孔と電子が出会うと、電子は正孔の穴に落ち込み、その振動は電磁波（赤外線や可視光）となって放射されることになります。これがLEDです（図3-1-7）。

受光（発電）作用

太陽電池やフォトダイオードでは、正孔や伝導電子の動きを光のエネルギーにより活発にして電気を発生させます（図3-1-8）。

これらの整流、発光、受光（発電）作用などが主なダイオードの働きです。

図3-1-5　逆方向電圧が加えられたダイオード

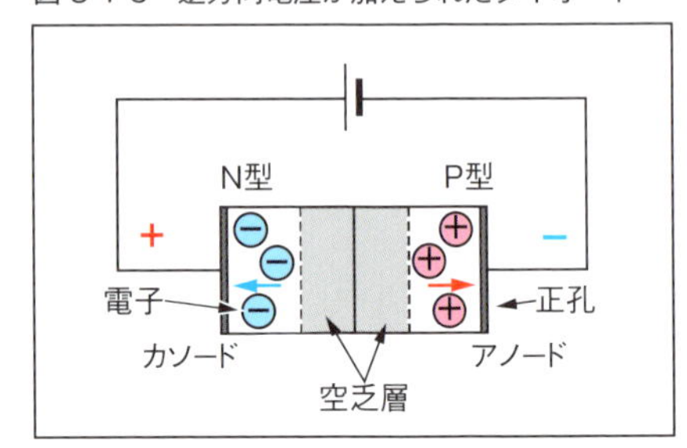

図3-1-6　順方向電圧が加えられたダイオード

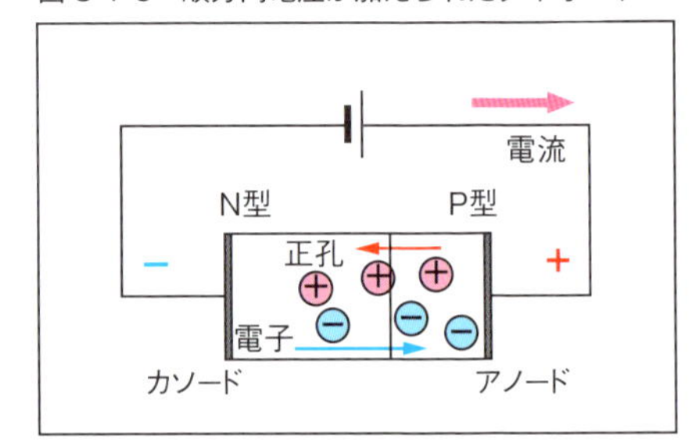

図3-1-7　LED

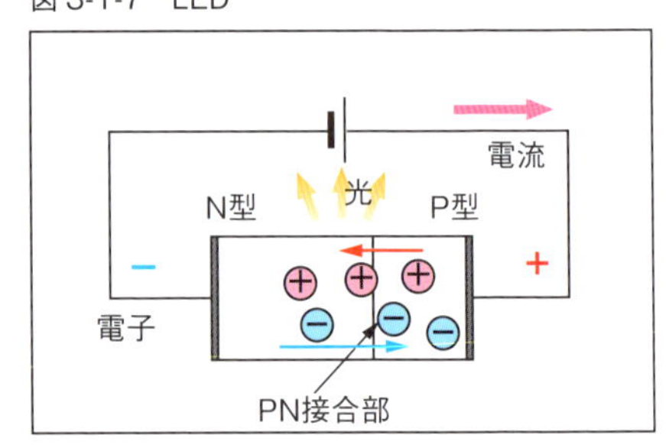

図3-1-8　太陽電池

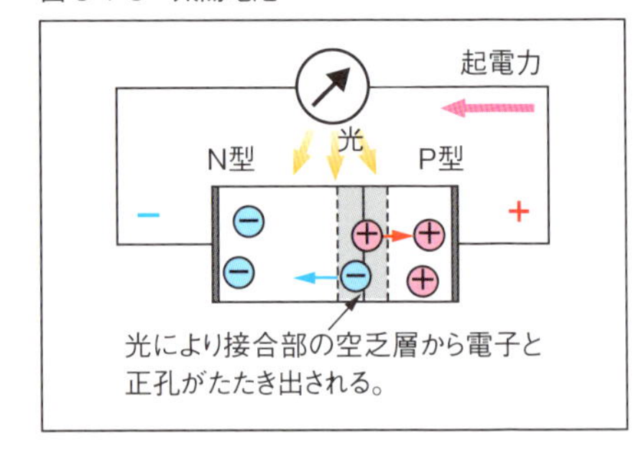

いろいろなダイオード

最も一般的なダイオードはシリコンダイオードですが、別のタイプのダイオードも使われています。

ショットキーバリアダイオード

ショットキーバリアダイオード（図3-1-9）は金属と半導体の接合で作られたダイオードです。特徴は順方向電圧（P90参照）が0.3～0.4Vと低く、PN接合のダイオードと異なり、蓄積キャリアと呼ばれる、半導体中に蓄えられた電子や正孔が少ないため、電流の方向が切り替わる際のスイッチング速度が極めて速いという特徴があります。

スイッチング発振の整流回路や、高周波検波回路などに使われます。弱点は逆方向への漏れ電流がシリコンダイオードに比べると大きいことです。

ツェナーダイオード

ツェナーダイオード（図3-1-10）は定電圧ダイオードとも呼ばれます。ダイオードの逆方向電圧を上げていったとき、一定電圧を超えると、雪崩のように降伏電流（ツェナー電流）が流れ始める現象を利用して、基準電圧などを作る回路に利用されています。

抵抗とツェナーダイオードを直列に接続し、入力電圧にツェナー電圧より高い逆電圧をかけると、ツェナーダイオード両端に一定電圧が発生し、入力電圧と出力電流が多少変動しても、出力電圧を安定化することができます（図3-1-11）。

［ツェナー電圧×電流］に相当する電力は熱になりますので、消費ワットに余裕のあるツェナーダイオードを使う必要があります。

図 3-1-9　ショットキーバリアダイオード

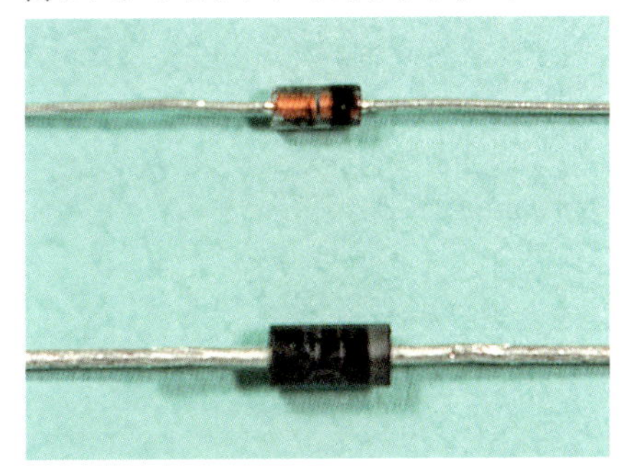

図 3-1-10　ツェナーダイオード

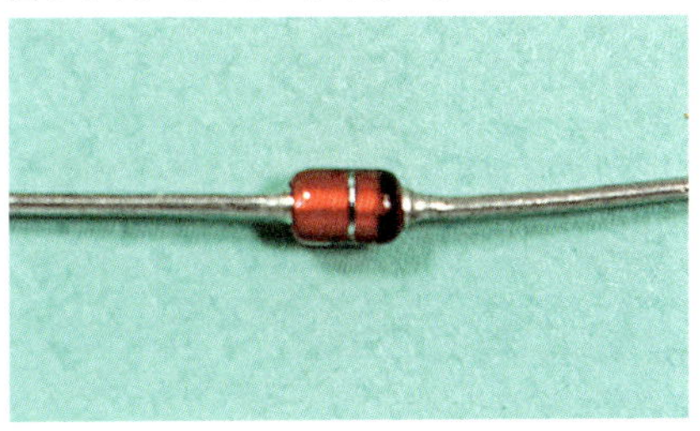

図 3-1-11　ツェナーダイオードを使った回路例

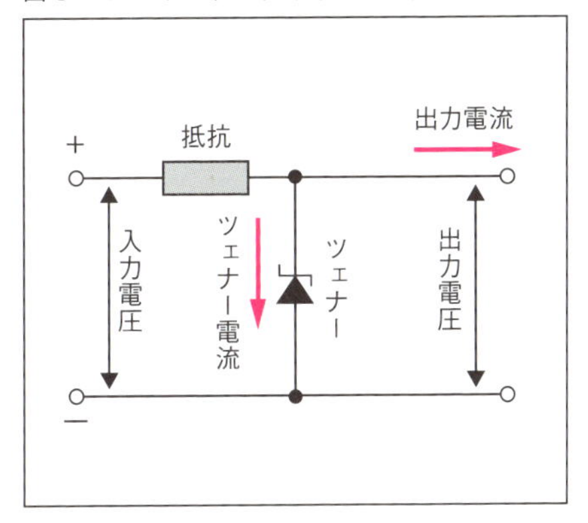

3-2 アナログテスターの上級操作

使う

使うテスター A + D

LEDの点灯

LEDの点灯は抵抗が必要

白熱電球を点灯するには1.5Vや12Vのような一定の電圧を加えるだけでよいのですが、LEDを点灯するには、LEDに一定の電流を、アノードからカソード方向に流す必要があります。普通のLEDは5～15mA、高輝度LEDでは10～20mA程度に制限した電流を流します。

図3-2-1はLEDに加える順方向の電圧を増加させたときに流れる電流のグラフです。順方向電圧 V_F になるまで電流Iは、ほとんど流れませんが、それより電圧を上げると電流は急激に増え、さらに電圧を上げるとLEDは破損してしまいます。

LEDに流れる電流を一定値に制限するためには、LEDと直列に電流制限抵抗を入れる方法が使われます（図3-2-2）。

ここでは、アナログテスターであるSH-88TR（sanwa）を使ってLEDを点灯してみます。

図3-2-1　LEDの電圧と電流の関係

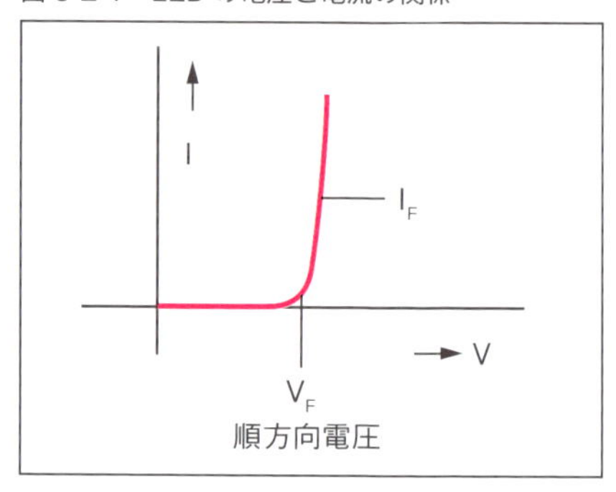

図3-2-2　電流制限抵抗

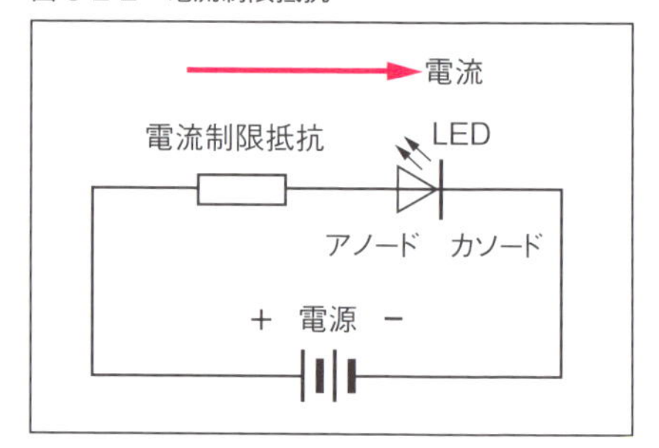

手　順

1 電流制限抵抗47Ωを順方向電圧2VのLEDのアノード側に接続します。

2 SH-88TRのΩレンジの×1を使います。

3 アナログテスターの赤テスト棒をカソード端子に、黒テスト棒を抵抗の端子に接続するとLEDが点灯します。
ではここで、点灯したLEDの順方向電圧と抵抗に流れている電流を測ってみましょう。

4 デジタルテスターのレンジをDCVにします。

5 デジタルテスターの黒テスト棒をLEDのカソード、赤テスト棒をアノードに当て電圧を調べてみましょう。
これがLEDの実際の順方向電圧です。

ワンポイント

この実験では電流制限抵抗に47Ωを使いましたが、その理由はSH-88TRの×1レンジの内部抵抗約20Ω（P49参照）が回路に直列に入っているため、LEDに流れる電流を15mA程度とするためには、

制限抵抗＝（電池電圧－LEDの順方向電圧）÷15mA－内部抵抗
＝（3V－2V）÷0.015A－20Ω≒47Ω

を使いました。異なったタイプのテスターでは条件が異なってくるため制限抵抗の値を変更する必要がでてきます。

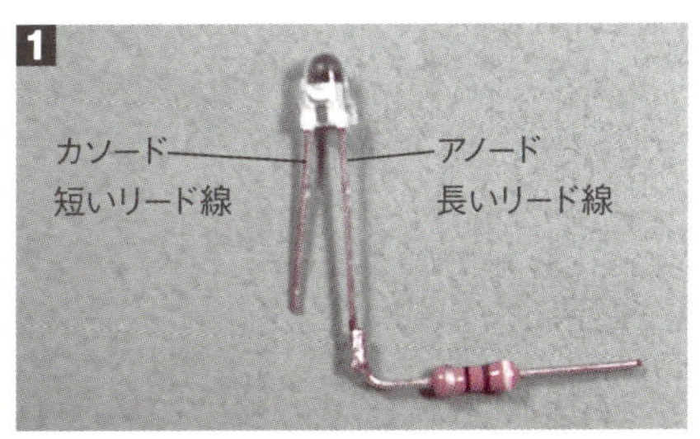

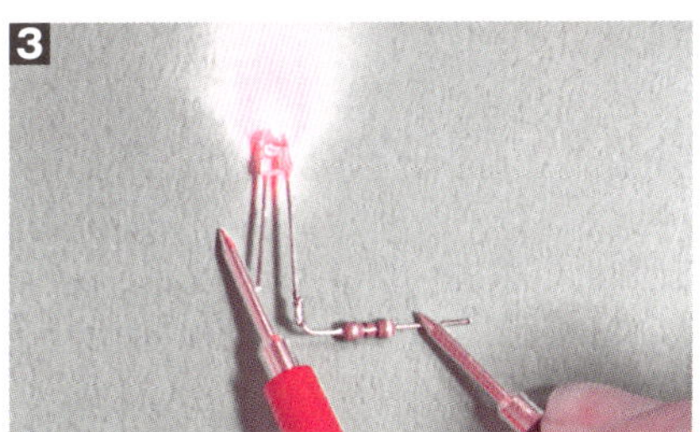

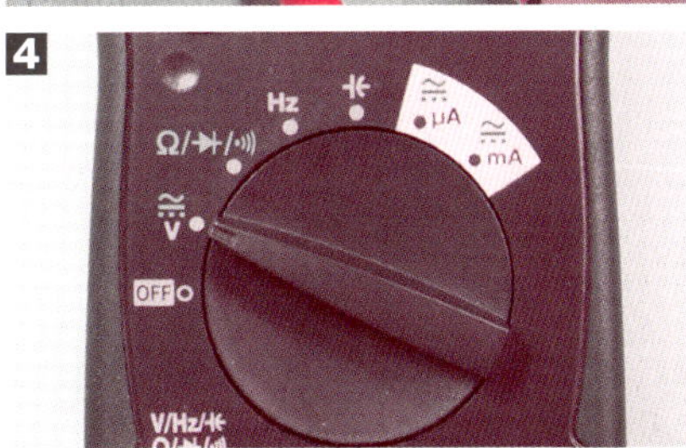

マグネットとコイルで電磁誘導の実験

水力、火力、風力発電だけでなく、自転車のライトなどの発電機も「電磁誘導」と呼ばれる原理により発電が行われています。ここではマグネットとコイルを使って電磁誘導作用を確かめてみましょう。

使用するもの

❶コイル

ここでは、P43で使用した電磁石用のコイルを使います。コイルは数100回程度、エナメル線(ウレタン線)を巻いて作ることができます。エナメル線の両端は被覆を剥いてリード線を半田付けして、テープで止めます。コイルの中に釘の鉄芯を入れると、より強い電磁誘導の効果が得られます。

❷マグネット

マグネットはネオジム磁石などの高性能磁石が適しています。吸引力が強いので取り扱いには注意が必要です。

図3-2-3 コイル(上)とマグネット(下)

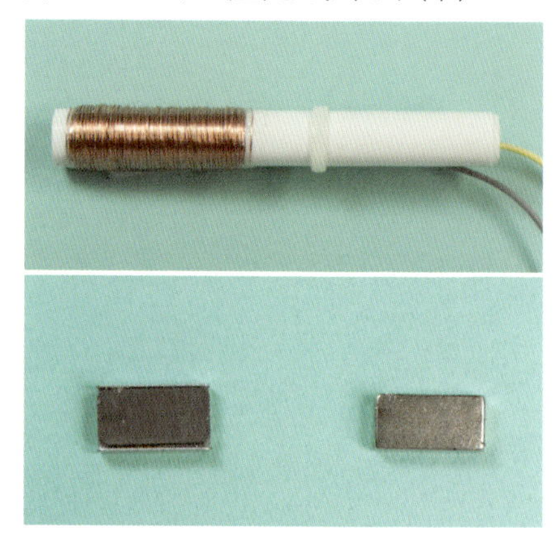

手　順

1 アナログテスターの直流電圧と直流電流の最高感度の共通レンジを選びます。例に用いたテスターの最高感度レンジは0.12V/50μAです。

2 マグネットの磁極をコイルの近くで動かすと、そのたびにメーター指針が振れることが確認できます。
マグネットをコイルに近づけるときと、離すときでは、テスターの指針が逆方向に振れることがわかります。また、マグネットを動かす速度や頻度は速いほど指針の振れは大きくなることがわかります。
コイル周辺の磁気の強さが変化したことで、コイルに発生した誘導電流がテスターの指針を動かしたのですが、この実験装置は原始的な発電機ともいえるものです。

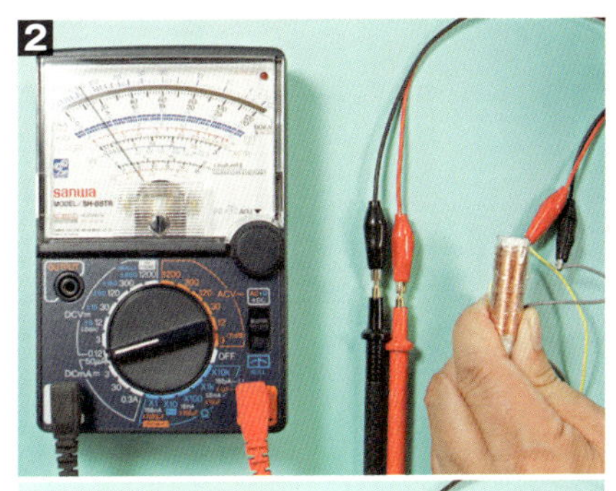

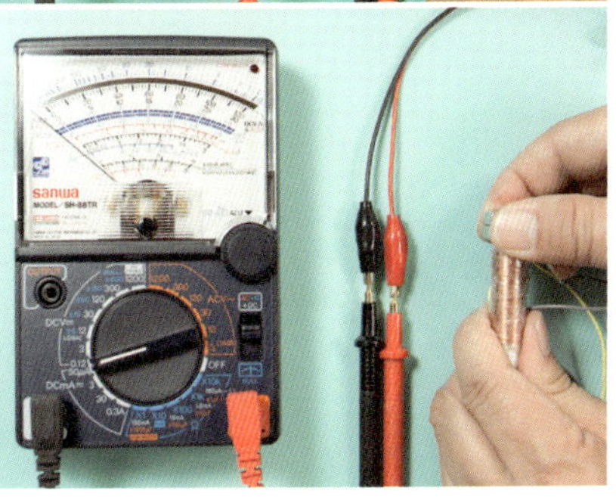

発電機、モーター、トランス

実験に使ったコイルは、電磁石にも、そして電磁誘導による発電にも使いました。電磁石はマグネットと組み合わせて電極を切り替えることで回転するモーターになります（図3-2-4）。モーターと発電機は同じ原理に基づく装置です。

また、ふたつのコイルを同じコア（磁芯）コイルに巻いて、一方のコイルに交流を流すと、電磁誘導によって、もう一方のコイルにも巻き数の比に応じた電圧が発生します。これがトランスです（図3-2-5）。

図 3-2-4　モーター

図 3-2-5　トランス

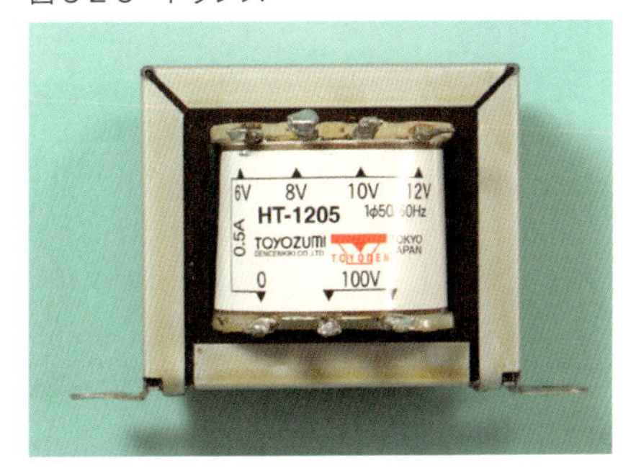

ボリューム（可変抵抗器）を調べる

ボリューム（可変抵抗器）は、音量調整などに用いられる電子部品です。操作つまみを取り付ける回転軸と、3つの端子が付いています。ボリュームには、抵抗値が軸の回転角に合わせて直線的に変化するB型と、人間の聴覚に合わせて変化するA型があります。ボリュームの働きをテスターで調べてみましょう。

図3-3-5

1
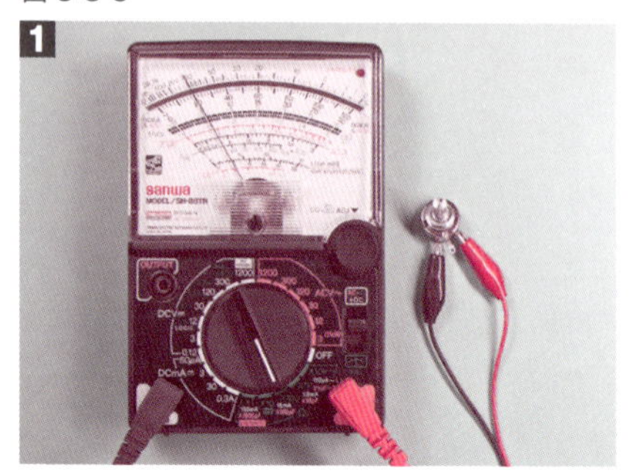

2
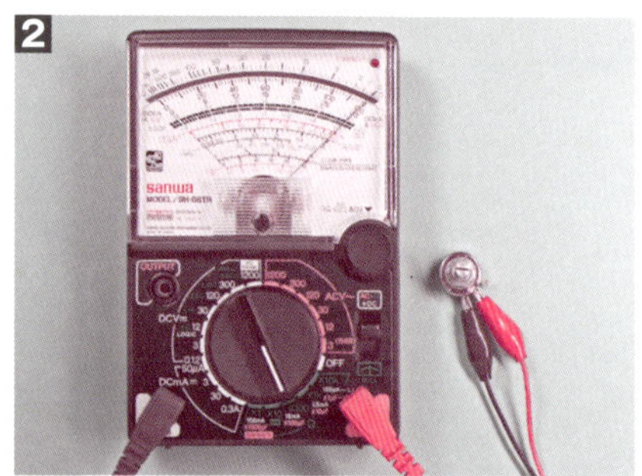

3
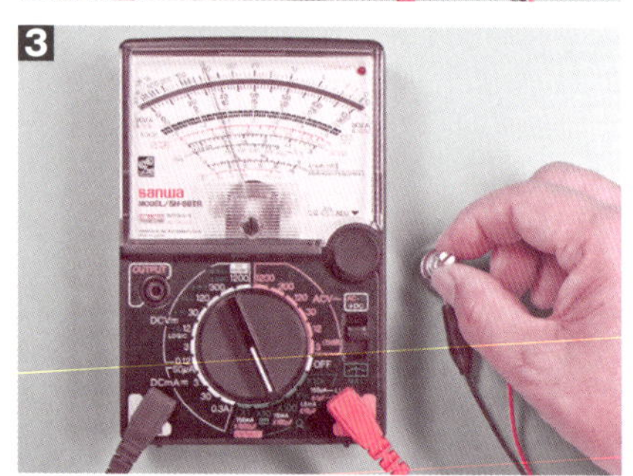

4
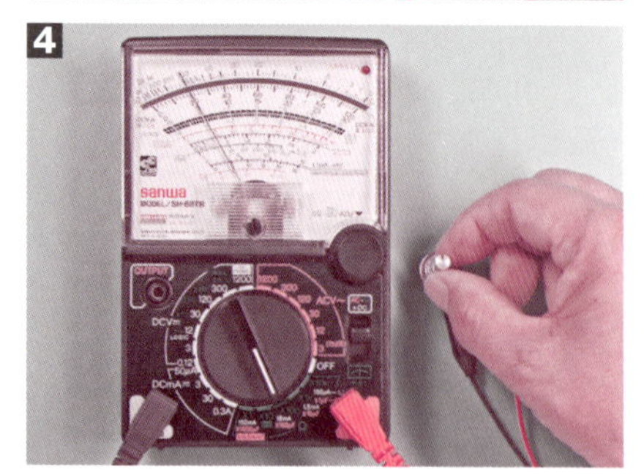

手　順

1 Ωレンジの×100で0Ω調整をした後、まず両端子間の抵抗を測定してみます。ここではほぼ10kΩに近い値が得られています。

2 軸を左に回し切った状態で、左端と中央の端子間の抵抗を測定します。抵抗は0Ωです。

3 軸を徐々に右へ回転すると指針が左へ振れ、抵抗値が増します。

4 右に回し切ると抵抗値は最大の10kΩになることが確認できます。

判　定

抵抗値が滑らかに連続して変化しないようなボリュームは雑音発生の原因となり使うことはできません。なお、B型ボリュームでも、テスターの目盛は、左詰まりになっているため指針の動きは抵抗値が低い部分で早く動きます。

COLUMN

テスターの内部抵抗

アナログテスターのパネル面には

DC 20kΩ/V
AC 9kΩ/V

のような表示がしてありますが、これはテスターの内部抵抗を表す値です。たとえば、DC12Vレンジで測定する場合の内部抵抗は、

$$12 \times 20\text{k}\Omega = 240\text{k}\Omega$$

ということになります。

たとえば、図3-Aの一番上のような回路の上側の抵抗に発生する電圧をテスターで測ることを考えてみましょう。計算上では、測定される電圧は5Vのはずです。しかしテスターの内部抵抗の240kΩが100kΩの抵抗と並列に接続されたと同じ状態になっていますから、その合成抵抗値は70.6kΩとなり、結果として測定電圧は4.14Vにしかなりません。

テスターの内部抵抗が低いと、高い回路抵抗の電圧を正確に測定できないということになります。このため、テスターのパネル面に表示されている内部抵抗値はとても重要で、テスターの性能を表す数値ともいえるわけです。

なお、デジタルテスターの内部抵抗はアナログテスターに比べてかなり高く、1MΩ～数MΩあるとされています。

図 3-A　内部抵抗の影響

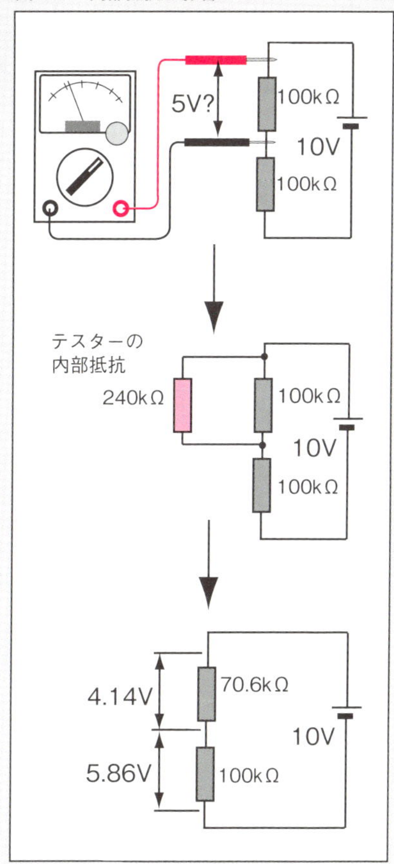

3-3 デジタルテスターの上級操作

使う

使うテスター

シリコンダイオードを調べてみる

デジタルテスターでシリコンダイオードの特性を調べてみましょう。

ダイオードの極性はカソードマークと呼ばれるマークでわかります。

図 3-3-1　電流が流れる方向

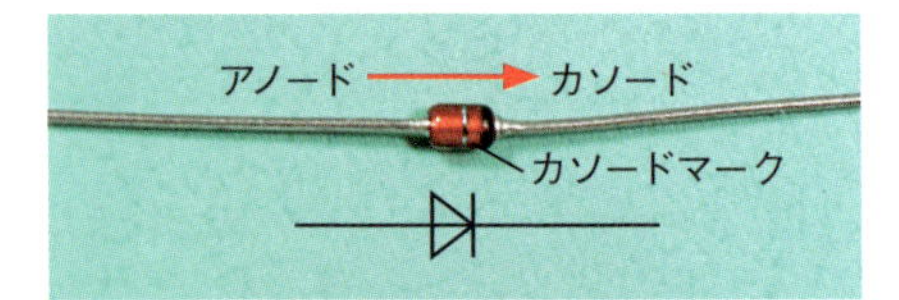

手　順

1 Ω / ダイオード / 導通レンジにしてから、SELECT スイッチを押してダイオードマークを表示させます。

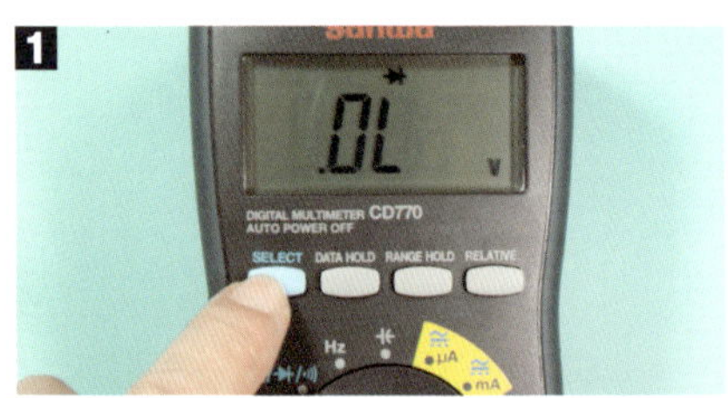

2 赤テスト棒をカソードマーク側に当て、黒テスト棒をアノード側に当てると表示部にはO.L(測定不能) が表示されたままになり、電流は流れないことが表示されます。

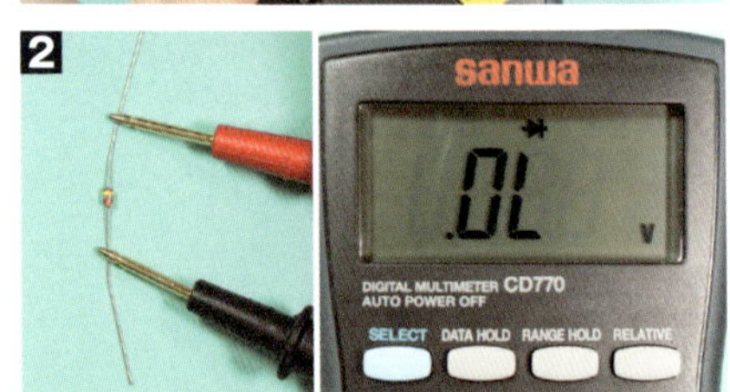

3 逆に、赤テスト棒をアノードに当て、カソードマーク側を黒テスト棒に当てると、電流が流れて表示部には写真のような電圧の値が表示されます。この電圧は順方向電圧と呼ばれる電圧です。

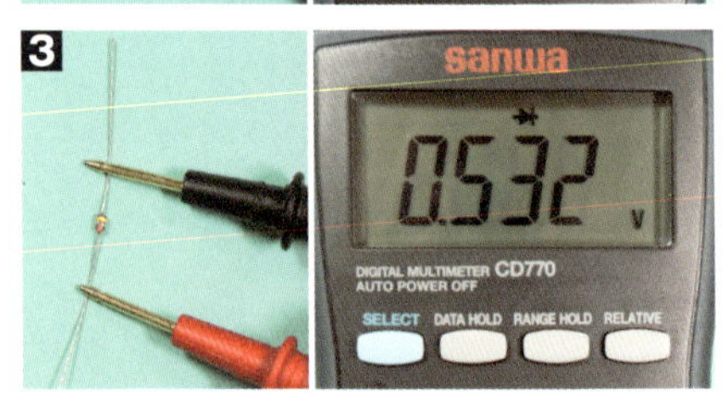

判　定

アノードとカソードのどちら向きで測定しても、O.L または0Ωに近い値が表示される場合はダイオードの不良が考えられます。

順方向電圧

ダイオードに電流が流れる順方向に電流を流したときに、ダイオード両端に発生する電圧を順方向電圧といいます。順方向電圧以上の電圧を与えないと、ダイオードに電流を流すことができないともいえます。順方向電圧はダイオードの種類によって異なり、シリコンダイオードは約0.7Vですが、ゲルマニウムダイオードは約0.2Vです。

LED(発光ダイオード)もダイオードですが、順方向電圧は、赤外LEDで約1.4V、赤、黄、緑色LEDなどは約2V、白や青色LEDでは約3.5Vにもなります。このため、内蔵電池電圧が低いテスターや低電圧しか出力されないダイオードレンジではこれらのLEDの動作チェックすることはできません。

次に、ショットキーバリアダイオードの順方向電圧を測ってみましょう。

手　順

Ω/ダイオード/導通レンジにしてから、SELECTスイッチを押してダイオードマークを表示させます。

1 赤テスト棒をアノードに当て、黒テスト棒をカソードマーク側に当てると順方向電圧が表示されます。

2 この電圧はシリコンダイオードで測定した順方向電圧より低いことがわかります。この特性を利用し、電源がなくても電波を受信する検波器としてラジオに使われることもあります。

3 赤テスト棒をカソードマーク側に当て、黒テスト棒をアノードに当てると表示部には0.L(測定不能)が表示されたままになり、電流が流れていないことが表示されます。

図3-3-2　ショットキーバリアダイオード

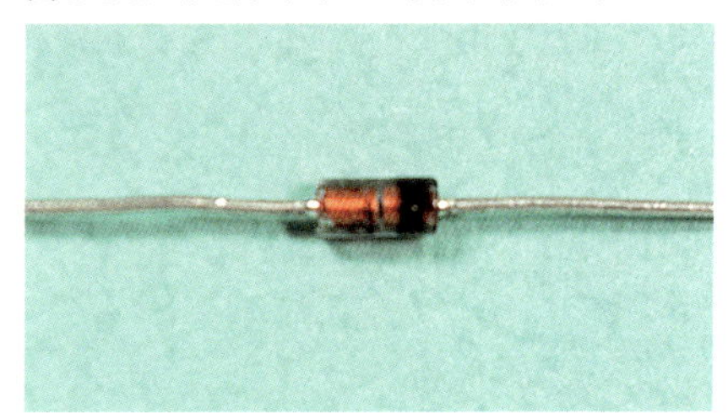

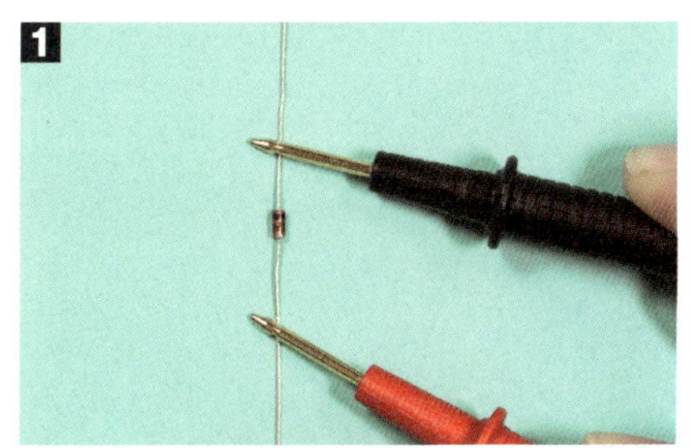

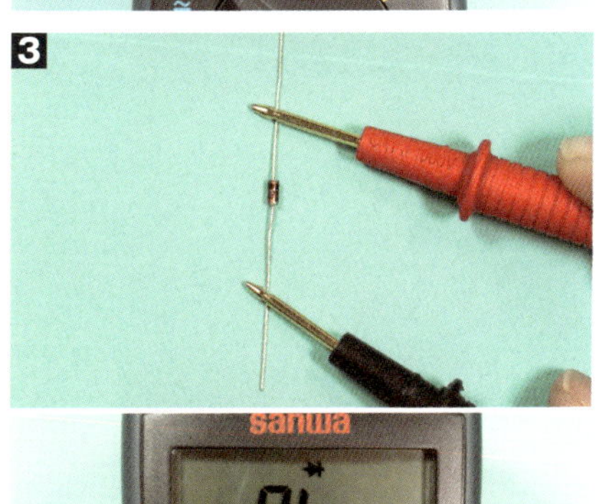

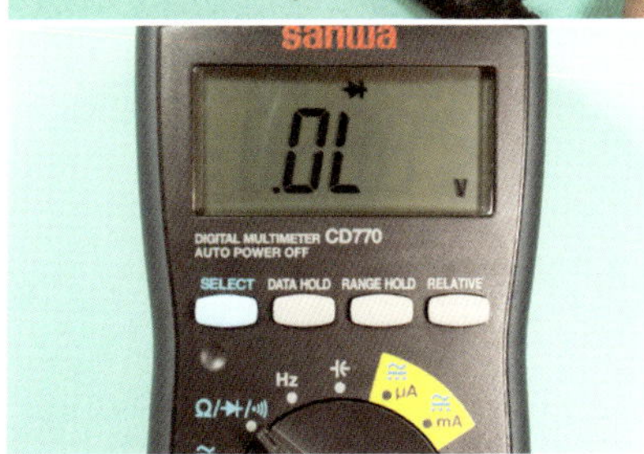

LED回路をチェックする

「LEDの点灯（P90参照）」の項でみたように、単にLEDに電圧を加えるだけではLEDを点灯させることはできません。そればかりか、適切な回路を使わないとLEDを破損させてしまう危険性もあります。ここでは、LEDを点灯させる回路を考えてみることにします。

緑色LEDに5V電源で15mAの電流を流して点灯してみましょう。

【電流制限抵抗の計算】

緑色LEDの順方向電圧は約2Vですから、これを5V電源で点灯すると、抵抗に発生する電圧は、

電源電圧 − 順方向電圧 ＝ 抵抗電圧
5（V）− 約2（V） ＝約3（V）

となるはずですから、抵抗は、

$$R = \frac{V}{I} = \frac{3}{0.015} = 200\Omega$$

となり、200Ωを使えばよいことがわかります。実際には入手しやすい220Ωを使ってみることにします。

手順

1 抵抗とLEDを直列に半田付けして、実際に回路を作ってみます。電源は5V小型スイッチング電源を利用しています。

図3-3-6　緑色LED

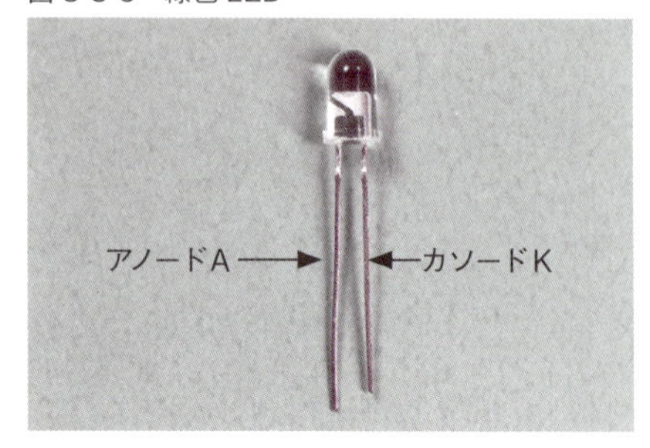

図3-3-7　作ろうとするLED回路

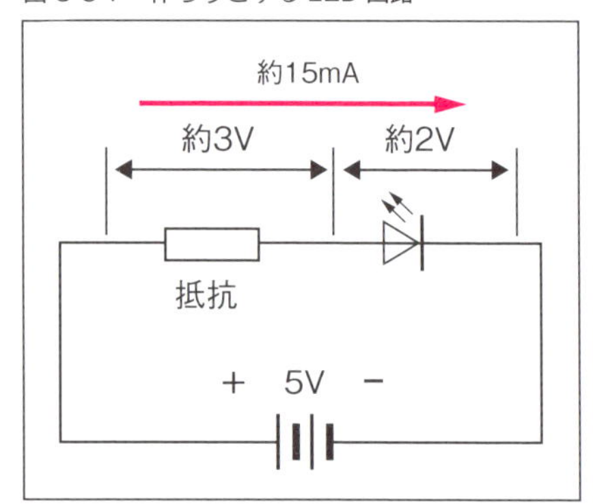

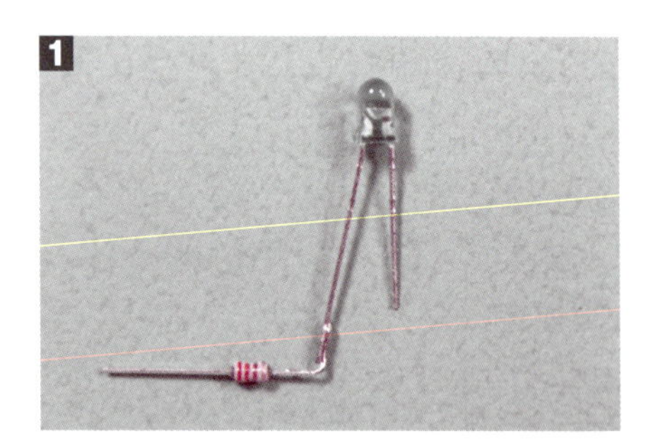

図3-3-8　LEDに220Ωの抵抗を接続

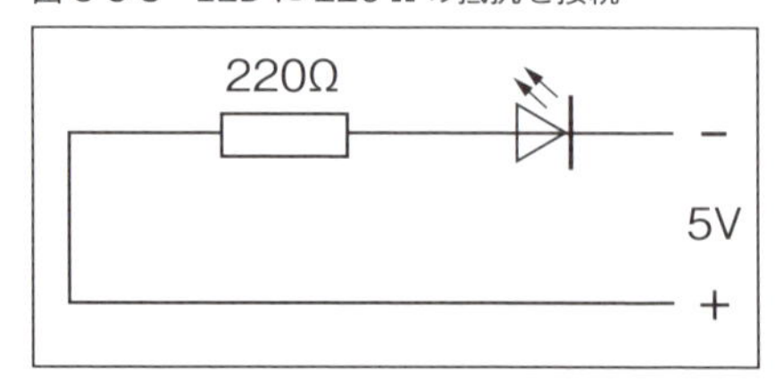

2 電源を入れてLED を点灯し、デジタルテスターで回路動作をチェックしてみましょう。DCV レンジで、まずLED の両端の電圧をチェックしてみましょう。
予定は2V でしたが、実際の電圧は2.084V でした。ほぼ予定通りの電圧でした。

3 次に、抵抗に発生している電圧をチェックしてみましょう。電圧は3.123V でした。

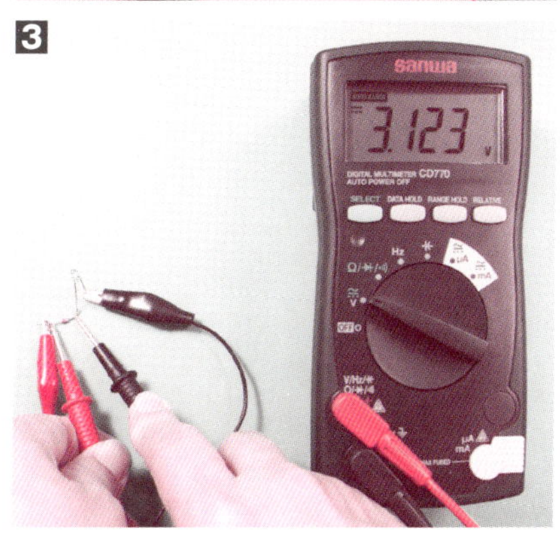

検　討

抵抗220Ωに発生した電圧は3.123Vですから、電流は、

$$I = \frac{V}{R} = \frac{3.123}{220} = 14\text{mA}$$

ということになります。

では、デジタルテスターCD770の電流計機能を使って、LEDに流れる電流を直接測定してみましょう。

4 電流計の場合、黒テストリードは通常と同じようにCOM端子へ接続しますが、赤テストリードはmA/μA端子へ接続します。この端子には黄色いキャップが被せてあります。これは注意を喚起して誤った使用を防ぐためです。

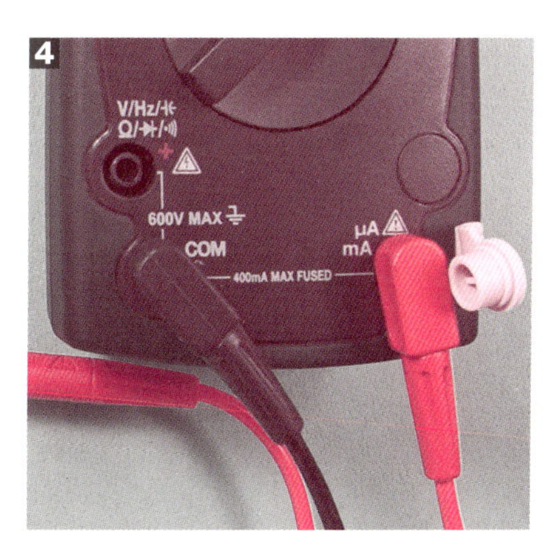

5 ロータリースイッチのレンジをmAに切り替え、セレクトボタンを押してDCAを表示させます。

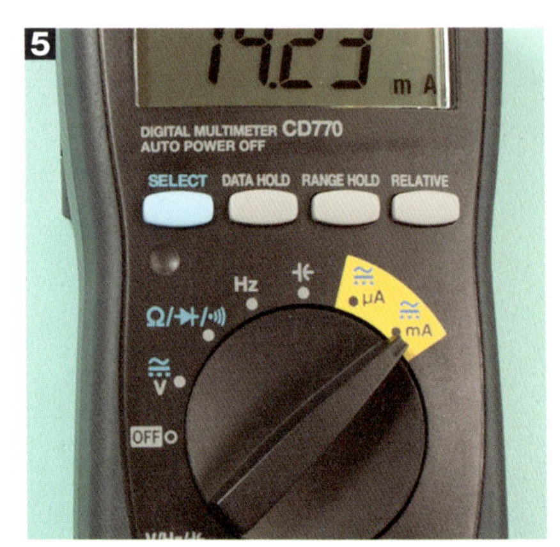

6 テスターをLED点灯回路の中へ入れて接続します。mA端子をプラス電源側、COM端子を抵抗側に接続してから5V電源を入れると、測定された電流値が表示されます。
目標としていたLED駆動電流は15mAでしたが、入手容易な抵抗を使ったこともあり、実際の電流値は14.23mAであったことが確認できました。
テスターによる電流測定は、このように回路に流れる電流の値がおおよそわかっていて、その値がテスターの測定範囲内であることを確認してから実施することが大切です。

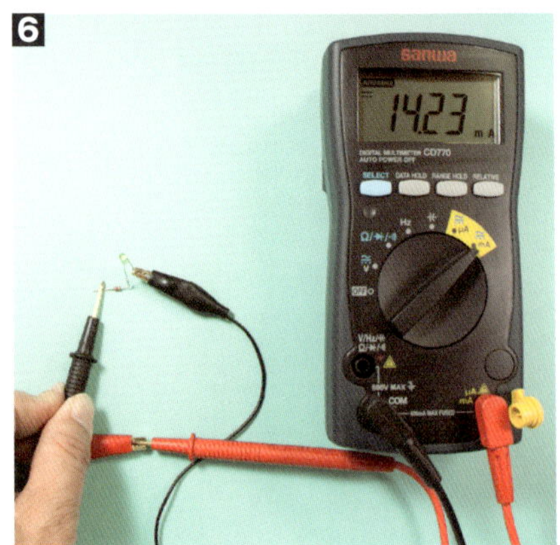

図 3-3-9　LED 回路にテスターを入れる

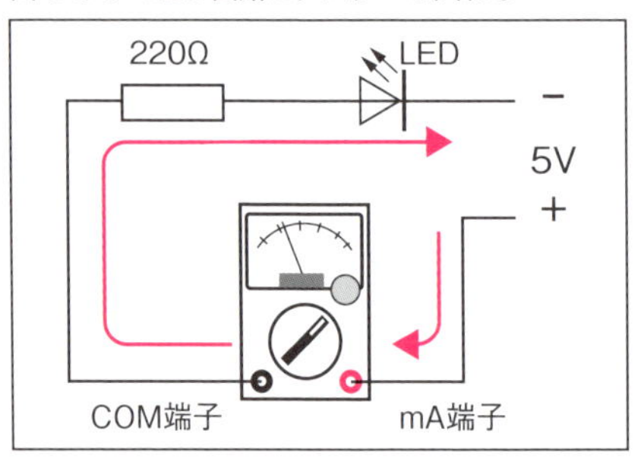

複数 LED の点灯

次は、複数のLEDを点灯してみましょう。OSB64L5111A は青色 LED をベースにアイス・ブルー色を発光する超高輝度 LED ですが、これを3本直列接続して、12V で点灯してみます。

【電流制限抵抗の計算】

順方向電圧の平均値を

$$\frac{2.9+3.6}{2} = 3.3\text{V}$$

とすれば、抵抗にかかる電圧は

$$12 - (3.3 \times 3) = 2.1\text{V}$$

目標とする電流を20mA とすれば、

$$R = \frac{V}{I} = \frac{2.1}{0.02} = 105\Omega$$

が求める抵抗値ですが、ここでは入手容易な100Ωを使うことにします。

手　順

1 実際に回路を作ってみます。ユニバーサル基板上にマウントしてみました。電源は12V小型スイッチング電源を利用します。

2 LEDを点灯して抵抗の電圧を測定してみます。デジタルテスターのDCVレンジを使います。測定値は2.94Vですから、回路電流は、

$$I = 2.94 \div 100 = 29.4\text{mA}$$

流れていることがわかります。計算より低めの抵抗を使ったことと、出力に余裕がある電源を使ったため、電源電圧が12Vより高めだったこともあり、目標値より大きな電流が流れています。

3 ちなみに、各LEDの順方向電圧を測定してみましょう。テスターのDCVレンジで測定すると、3.149V　3.203V　3.206V　と、比較的揃った値でした。LEDの直列個数を増すと明るさにムラが出るなどの問題が出てくるため、あらかじめLEDを選別する等の注意が必要となります。これらの値は、予定していた値と近いものになっていたことがわかります。

図 3-3-11　点灯したLED

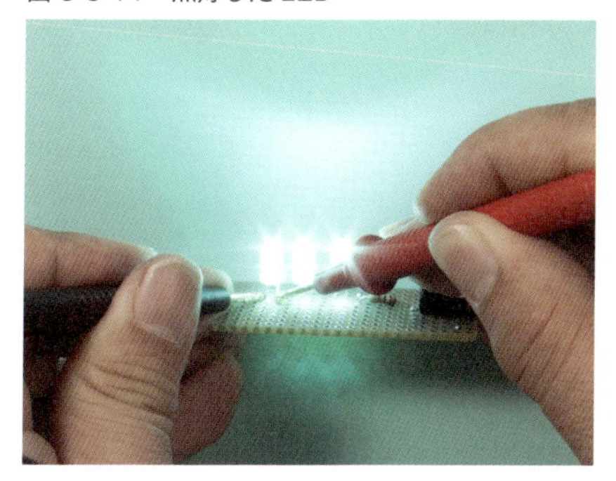

図 3-3-10　高輝度LEDを3個直列に接続

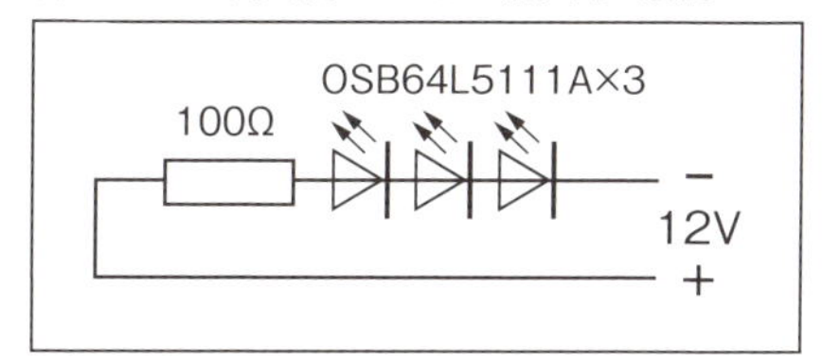

・OSB64L5111Aの仕様
順方向電圧：2.9V～3.6V
輝度：20000mcd/20mA
最大電流：30mA

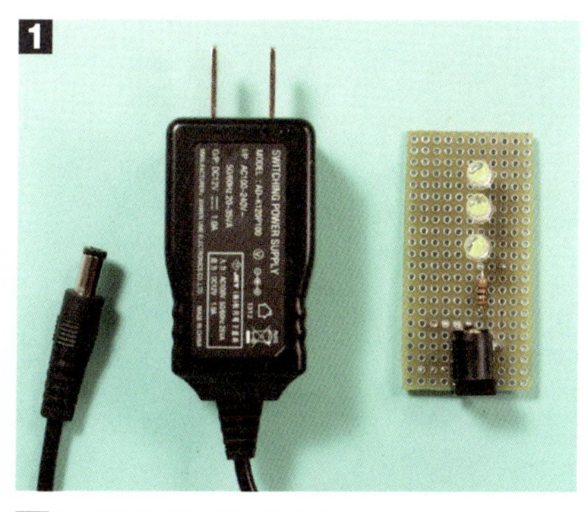

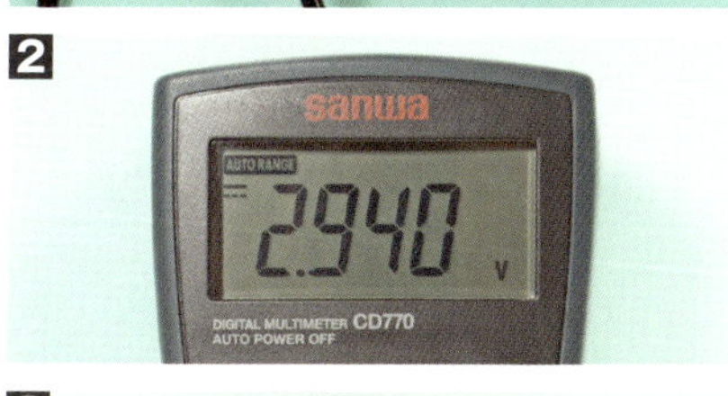

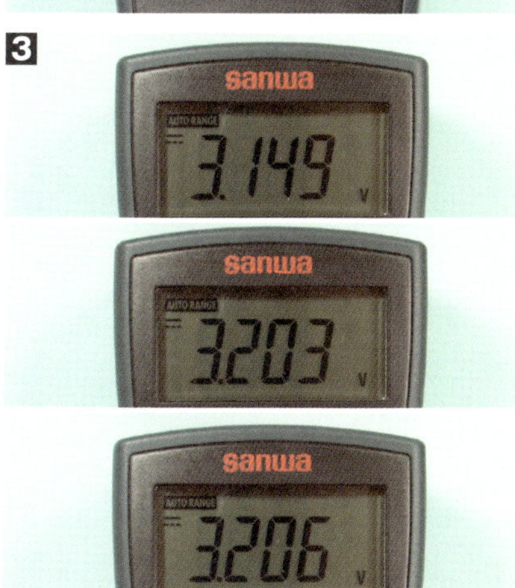

3-4 FETとMOSFETのチェック

使う

使うテスター A + D

FET回路をチェックする

FETの構造

FET（Field effect transistor）は電界効果型トランジスタとも呼ばれる素子で、デジタルテスターや高機能なアナログテスターの入力部にも使われることがあります。

N型FETの電荷の通り道はチャンネルと呼ばれ、N型半導体で作られていて、一方にソース（S）電極、他方にドレイン（D）電極が取り付けられます。チャンネルの途中にはP型半導体が形成されていて、ゲート電極（G）が取り付けられます。

FETの動作原理

電源のマイナスをソースに接続し、プラスは負荷抵抗を通してドレインに接続すると、出力電流はドレイン→ソース間に流れるようになります。

さて、図3-4-2のようにソースからゲートに対してマイナス電圧を加えると、P型半導体側からN型半導体側へは逆電圧ですから、電流が流れないばかりか、電荷のキャリヤである伝導電子が入り込めない空乏層ができてきます。

空乏層ができると、チャンネルの抵抗が増すため、出力電流は減少します。

図3-4-3はゲートのマイナス電圧が上がった状態を示しています。空乏層は拡大し、チャンネルの抵抗は大きくなりますから、小さな出力電流しか流れません。

図3-4-1　N型FETの構造

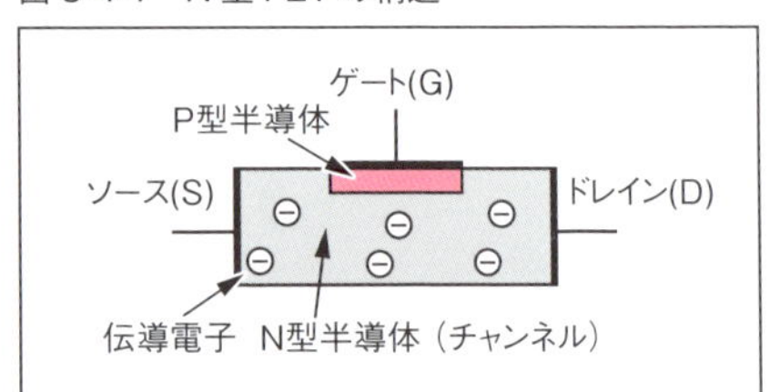

図3-4-2　ゲートのマイナス電圧が低い状態のFET

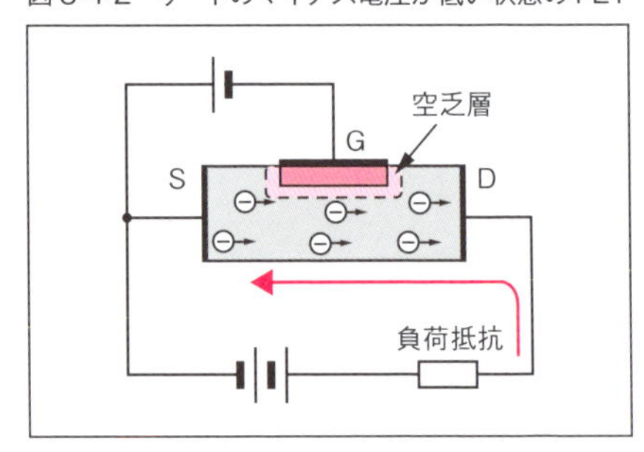

図3-4-3　ゲートのマイナス電圧が高い状態のFET

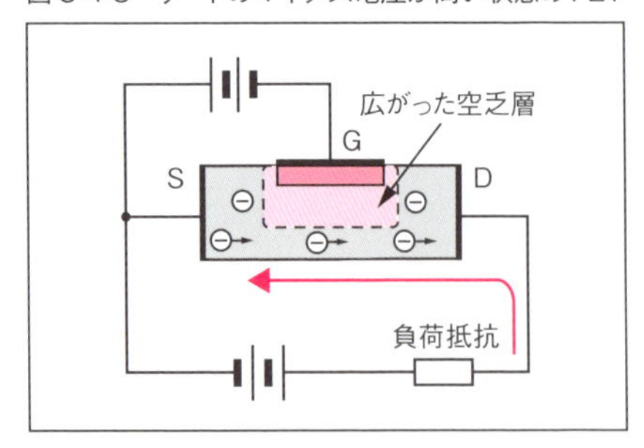

FETの特徴

FETはゲートに逆電圧を加えて動作させるため、入力電流が流れません。これは、マイクロフォンなど、ごく小さな出力の電圧信号を受けるのに好都合です。テスターの内部抵抗（P95参照）で見たように、信号を受ける側の内部抵抗は高いほど、電圧を正確に受けることができるからです。このため、FETは個別の電子部品ばかりでなくICの中にも広く使われています。

ここでは、2SK30（図3-4-5）の動作をテスターで確かめてみましょう。2SK30はアンプ回路などに使われる耐圧50VのFETです。

【実験の準備】

図3-4-6は実験回路の接続図です。ゲートに加える電圧は5V小型スイッチング電源を利用して、電圧を10kΩの可変抵抗器VRで電圧を調整できるようにします。

接続図のように電源とVRとFETを接続しますが、実験では部品やピンを差し込んで接続できるブレッドボードを使うと便利です（図3-4-7）。

図3-4-4　N型FETの記号

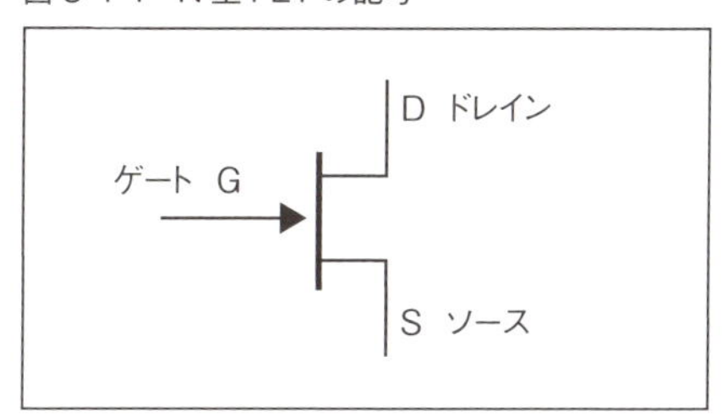

図3-4-5　FET

図3-4-6　FET実験回路の接続図

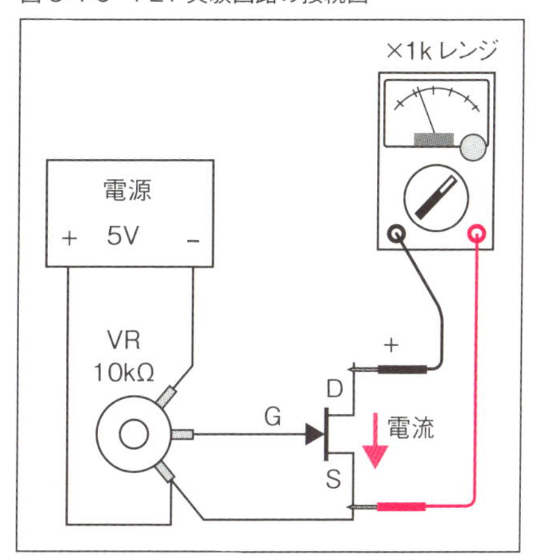

図3-4-7　ブレッドボードを使った接続例

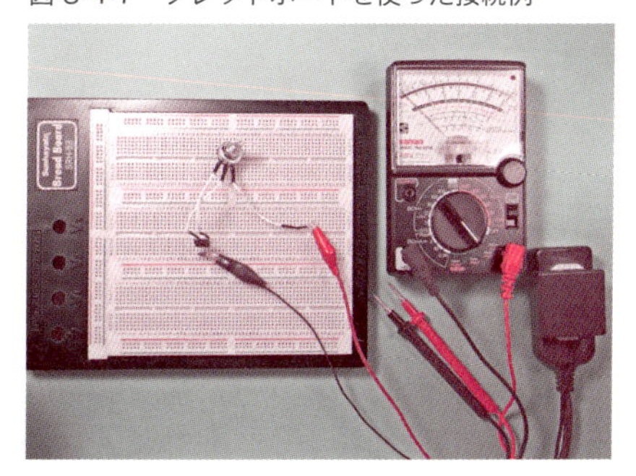

手　順

1 アナログテスターはΩレンジを×1kにして、0Ω調整をします。

2 電源をONにして、可変抵抗器VRのつまみを右に回し切った位置(ゲート電圧が最低の位置)にします。

3 マイナス電圧が出力される赤テスト棒をソース(S)に、プラス電圧が出力される黒テスト棒をドレイン(D)へ接続します。
この状態で、指針は大きく振れるはずです。ゲート(G)にマイナス電圧がかからない状態で、もうドレイン—ソース間は導通していることがわかります。

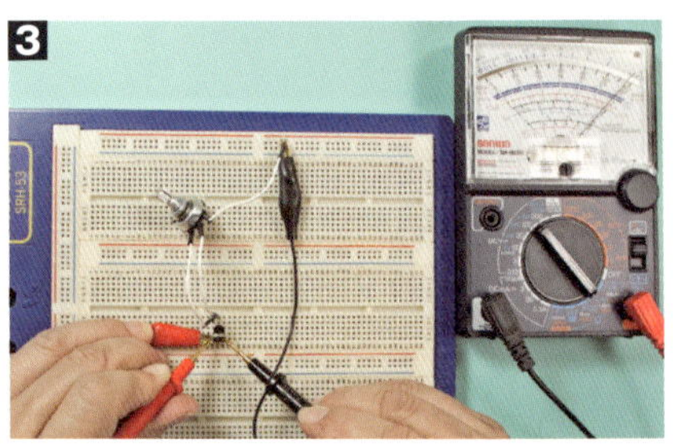

4 可変抵抗器を徐々に左へ回転していくと、アナログテスターの抵抗値が上がっていくのが確認できます。ゲート電圧でドレイン—ソース間の抵抗値をコントロールできることがわかります。

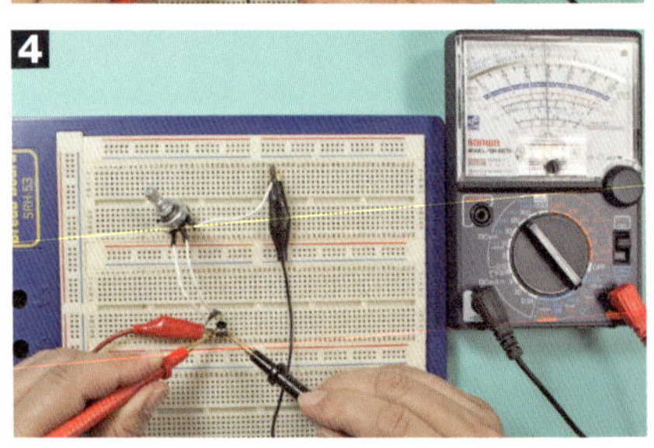

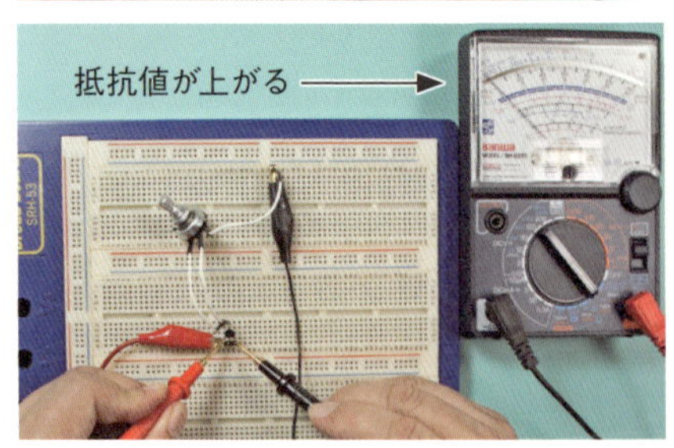

FETを使った回路例

実際に使われるFETを使った増幅回路の例を見てみましょう。

図3-4-8は、FETを1個だけ使った増幅回路の例です。入力信号はINから入力され、OUTに出力されます。

入力信号はコンデンサC1を通して入ってきます。コンデンサを使う理由は直流をカットして、信号の交流成分だけを取り込むためです。

さて、入力が無信号のとき、FETのゲートは100kΩを介してG（グランド）に接続されていますが、電圧はほぼ0Vになります。

このため、電源を供給すると、FETの抵抗は低い状態となり、電源→「R3」→「FETのD」→「FETのS」→「R2」→「グランド」へと電流が流れ始めます。

この電流 I_{DS} は、R2の両端に電圧を発生することになります。電圧は、

$$Vs = I_{DS} \times 1k\Omega$$

で、大きなドレイン電流が流れるほどこの電圧は高くなります。

図 3-4-8 FET を使った増幅回路の例

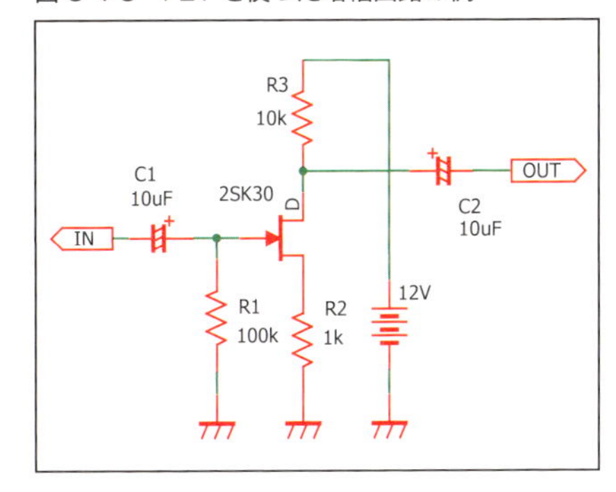

FET 回路の電圧を測る

ここで図3-4-9のようにデジタルテスターをDCV測定レンジにして、グランド側にテスターの黒棒、ゲート側に赤テスト棒を当てたらどうなるでしょうか？

答えは「マイナス電圧が測定される」です。R2の上側からグランドに向かって電流が流れるため、ゲートにはR1から負の電圧が回り込むからです。

このため、大きなドレイン電流が流れるほど、ゲート電圧はマイナス電圧となるため、ドレイン電流は増えることができなくなり、安定点でつり合うことになります。

そして、入力信号が入ってくるとつり合う点を中心に、ドレイン電流が変化して、出力信号がOUTに得られることになります。

図 3-4-9 FET 回路の電圧をテスターで測る

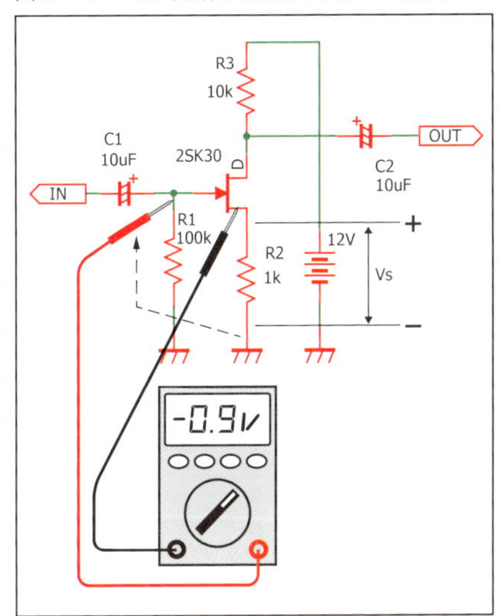

MOSFETをチェックする

MOSFETの構造

Metal-Oxide-Semiconductor Field-Effect Transistorの頭文字を取ったMOSFET（モスエフィーティー）は、現在最も普及しているトランジスタのひとつです。

構造はN型MOSFETの場合、P型半導体の上にソース（S）とドレイン（D）がN型半導体で作られています。そしてソースとドレインの中間部分には、薄い絶縁酸化膜で分離されたゲート（G）の電極が付けられています（図3-4-10）。

図3-4-10　N型MOSFETの構造

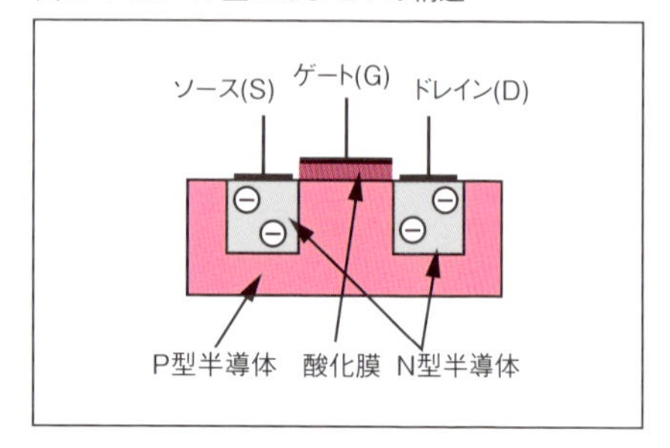

MOSFETの動作原理

図3-4-11のように、ゲート電圧が0Vに近い状態のときは、ドレイン-ソース間に電圧が加えられても、電流は流れません。ドレインとソースは分離してしまっているため、電流が流れる通路がないためです。

しかし、図3-4-12のように、ゲートにプラス電圧をかけると、絶縁酸化膜を介したP型半導体内にはマイナス電荷の電子が引き寄せられてきます。このため、ソースからドレインへ電子が移動できるチャンネルが形成されることになり、電流が流れることになります。

図3-4-11　ゲート電圧が0または低い状態

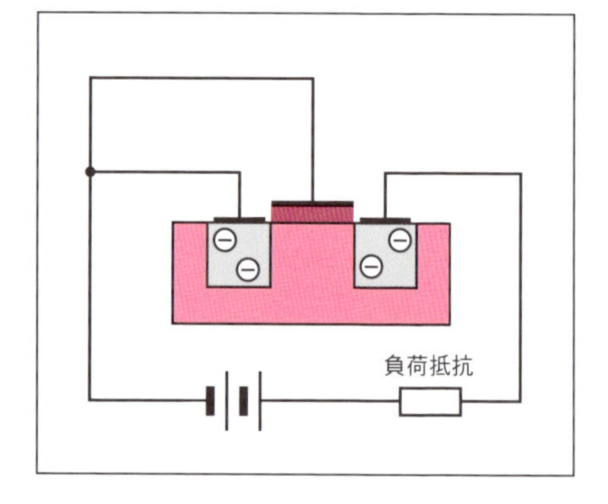

図3-4-12　ゲート電圧が高い状態

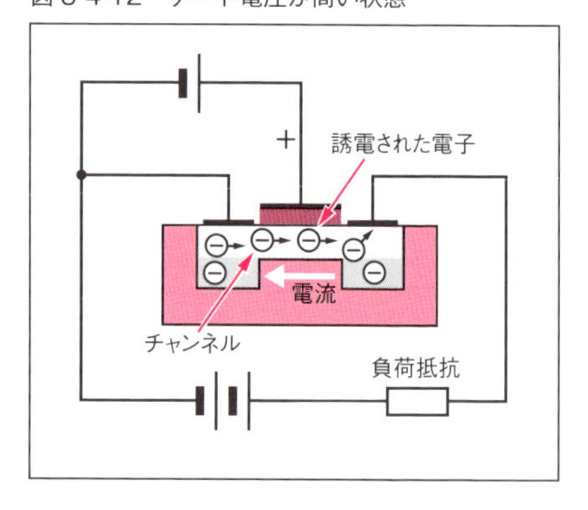

MOSFETの特徴

MOSFETはゲートが絶縁された状態になっています。図記号のように、ゲートはソース電極に対しコンデンサのような存在となっています。このため、入力信号が変化しない状態では、ゲート電流は流れることがありません。このため、省電力が要求されるCPUなどのLSIに使われる一方、大電流を制御するパワーMOSFETとしても使われます。

ここでは2SK2936（図3-4-14）の動作をテスターで確かめてみましょう。2SK2936は最大電圧60V 最大電流45A 、モーターのON／OFF制御などに用いられます。

【実験の準備】

図3-4-15は実験回路の接続図です。ゲートに加える電圧は5V小型スイッチング電源を利用して、電圧を10kΩの可変抵抗器VRで電圧を調整できるようにします。

この接続図のように電源とVRとMOSFETを接続しますが、実験では部品やピンを差し込んで接続できるブレッドボードを使うと便利です。電源のプラスとマイナスがFETの実験（P103参照）のときとは逆になっているので注意してください。

図3-4-13　MOSFETの記号

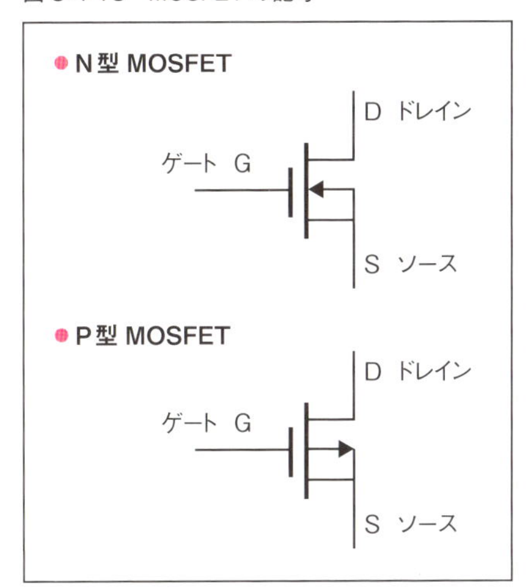

図3-4-14　MOSFET（2SK2936）

図3-4-15　MOSFET実験回路の接続図

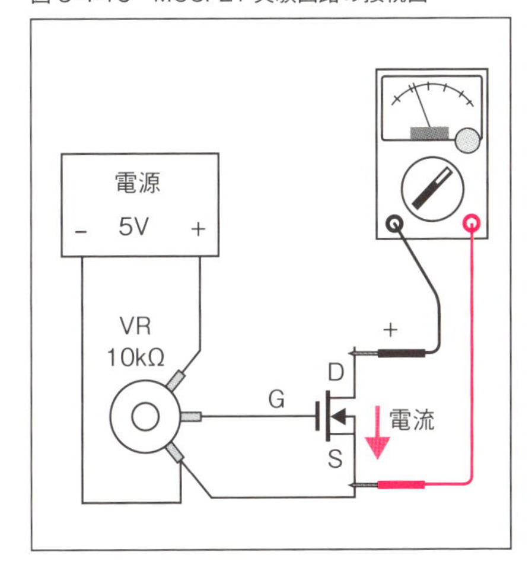

手　順

1 アナログテスターはΩレンジの×1k にして、0Ω調整をします。

2 電源をON して、可変抵抗器 VR のつまみを左に回し切った位置（ゲート電圧が最低の位置）にします。

3 マイナス電圧が出力される赤テスト棒をソース（S）に、プラス電圧が出力される黒テスト棒をドレイン（D）へ接続します。
この状態では指針は振れません。ゲート（G）にプラス電圧がかからない状態ではドレイン-ソース間は導通していないことがわかります。

4 可変抵抗器を徐々に右へ回転させていくと、途中からアナログテスターの抵抗値が下がっていくのが確認できます。

5 抵抗値が下がりだす直前のソース-ゲート間の電圧を、デジタルテスターのDCV レンジで測定してみましょう。ここでは、1.768V と表示されています。
この電圧は、ゲート-ソース遮断電圧と呼ばれる電圧で、この電圧を境にMOSFET はドレイン-ソース間をON ／ OFF する素子と考えることができます。

MOSFETの簡易チェック

検査用の5V電源がなくてもテスターだけでMOSFETの動作をチェックする方法があります。

用意するのは470kΩ～1MΩの抵抗とアナログテスターです。

【実験の準備】

図3-4-16のように、抵抗をゲート-ソース間に入れます。

手　順

1 テスターのレンジをΩレンジの×1kにします。

2 マイナス電圧が出力される赤テスト棒をソース(S)に、プラス電圧が出力される黒テスト棒をドレイン(D)に接続します。
この状態ではテスターの指針は振れず、ドレイン-ソース間の導通はないことがわかります。

3 接続線を使い、ドレイン-ゲート間を接続します。これによりプラス電圧がゲートに加わり、MOSFETのドレイン-ソース間はONし、テスターの指針が振れます。

判　定

手順3の接続をする以前からドレイン-ソース間の導通があったり、接続しても導通がないMOSFETは破壊している可能性があります。

図3-4-16　MOSFETのゲート-ソース間に抵抗を入れる

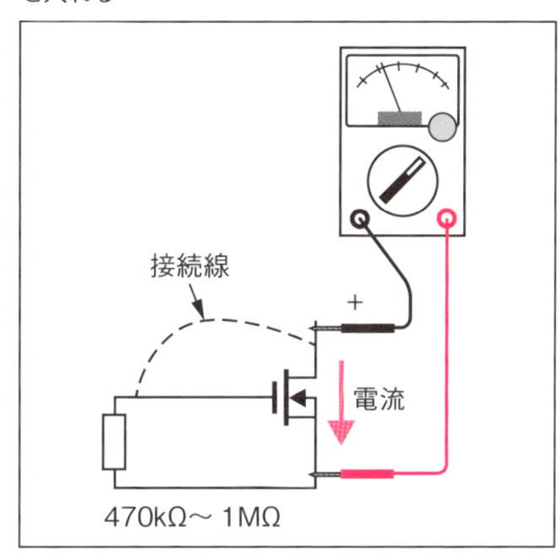

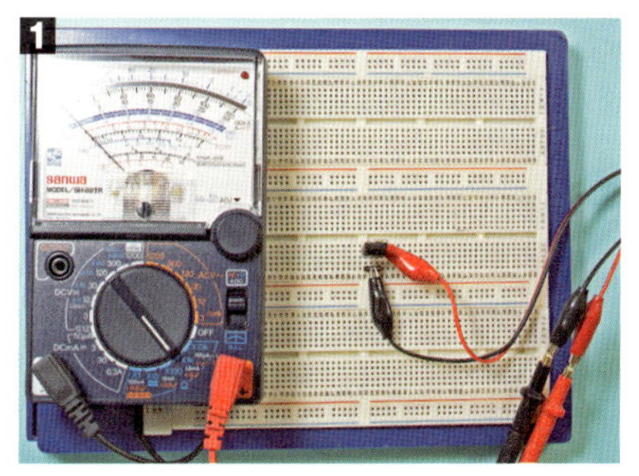

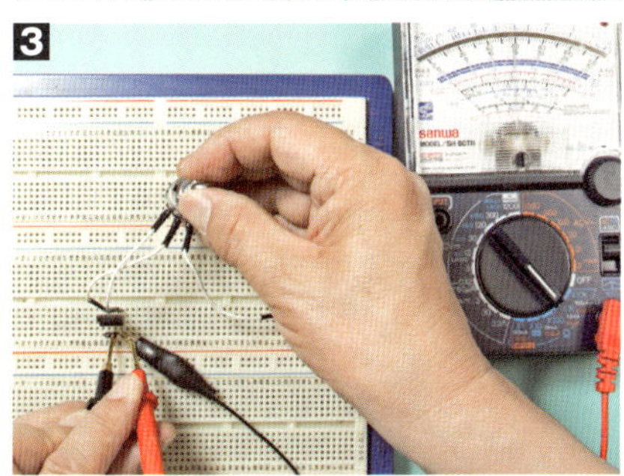

3-5 フォトセンサーのチェック

フォトセンサーをチェックする

図 3-5-1　いろいろなフォトセンサー

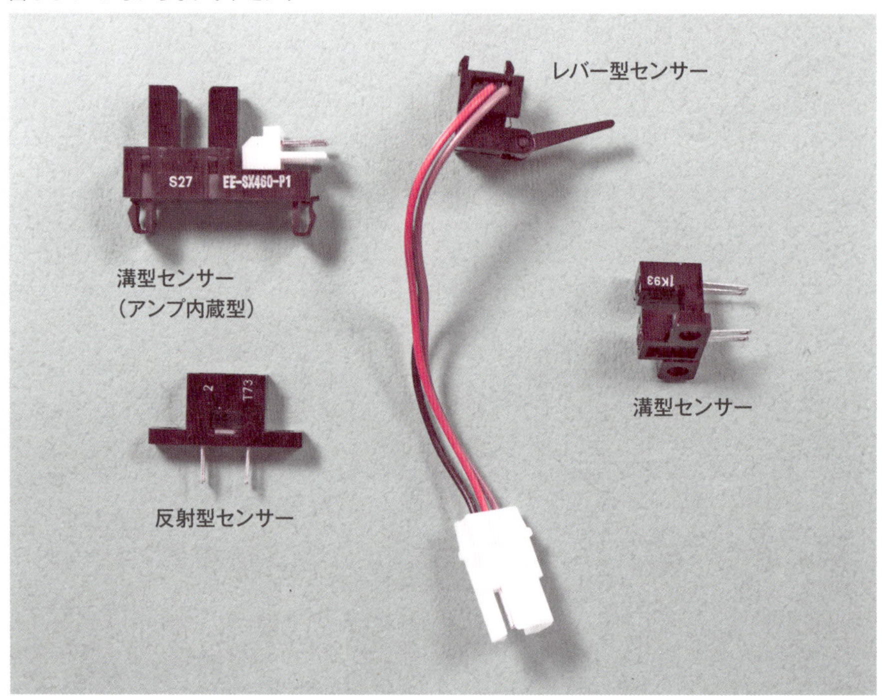

フォトセンサーは、光を利用したセンサーで各種機器の中に多く使われています。多くは、赤外線LEDとフォトトランジスタの組み合わせで用いられます。メーカー各社の呼び方は違いますが、反射型、透過光型、溝型、レバー型、インタラプタ型 などがあります。

反射型センサー

反射型センサーは、用紙や反射テープを貼った部材を検出するために用いられ、検出距離は2～4mmです。

透過光型センサー

透過光型センサーは用紙や紙幣の位置を正確に検出するために用いられ、

LEDと受光センサー側は別位置に取り付けられます。

溝型センサー

溝型センサーは、LEDと受光センサーがコの字状のケースに収められたセンサーで、回転角度を正確に検出してクロックを発生するためのエンコーダー盤や移動する板部材の位置を正確に検出するためのセンサーに使われます。フォトインタラプタとも呼ばれます。

フォトインタラプタ

EE-SX460-P1（オムロン）は溝型のフォトインタラプタで、ICのアンプを内蔵しているフォトセンサーです。5Vを供給するだけで簡単に出力が得られるため、回転円盤型の溝付き遮光板や物体の位置を正確に検出するために用いられます。光の遮光により出力されるEE-SX460-P1（図3-5-3）の信号をテスターでチェックしてみましょう。

【実験の準備】

抵抗10kオームを電源端子Vと出力Oの間に入れます（図3-5-4）。

これは、このセンサーの出力がオープンコレクタ型と呼ばれるタイプのため、出力Oを電源Vへ抵抗（プルアップ抵抗）で吊り上げておく必要があるからです。抵抗値は5kΩ～50kΩ程度が使えますが、ここでは10kΩとしています。

電源は5V小型スイッチング電源を利用します（図3-5-5）。

図 3-5-2 溝型センサーの構造

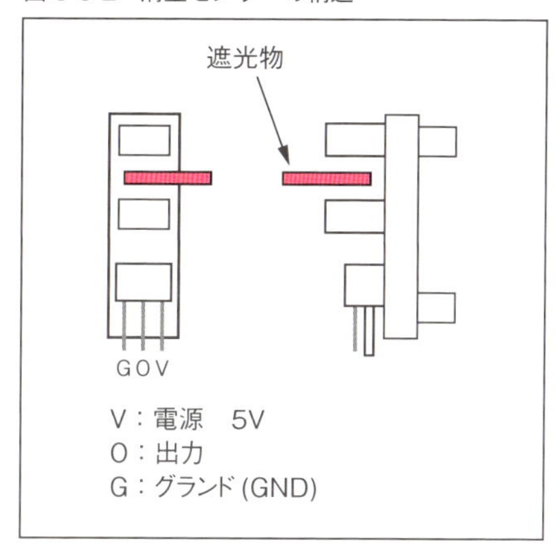

図 3-5-3 フォトインタラプタ（EE-SX460-P1）

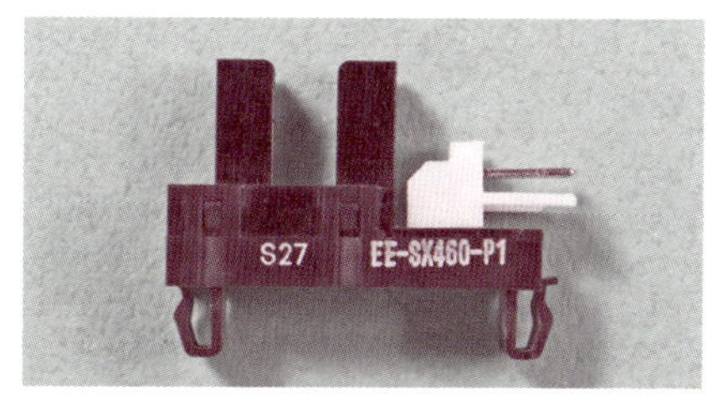

図 3-5-4 EE-SX460-P1に抵抗を付ける

図 3-5-5 実験回路の構成

手　順

1 テスターはデジタルテスターのDCVレンジを使います。

2 テスターの黒テスト棒をセンサーのGへ、赤テスト棒をセンサーのOへ接続します。

3 5V電源のグランドをセンサーのGへ、電源の+5VをセンサーのVへ接続します。このときの、出力Oの電圧を確認します。

4 センサーの検出部に、厚紙または金属板などを入れて遮光した状態でテスターの電圧を確認してください。

5 遮光物が薄い半透明の紙のような場合はどうなるか試してみましょう。
このセンサーはアンプが内蔵されているため、低い「L」レベル電圧と、高い「H」レベルの電圧の中間の電圧は出にくくなっています。

6 遮光物を素早く入れたり出したりしてみましょう。デジタルテスターの反応はあまり早くないため、表示数値は遮光物の動きについていけないことがわかります。

7 デジタルテスターに替え、アナログテスターでセンサー出力をみてみましょう。使用するレンジはDCVの5Vより少し上のレンジです。例では12Vを使ってみました。

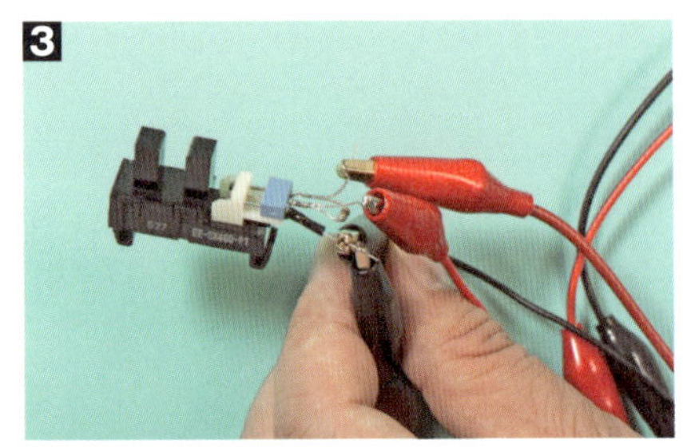

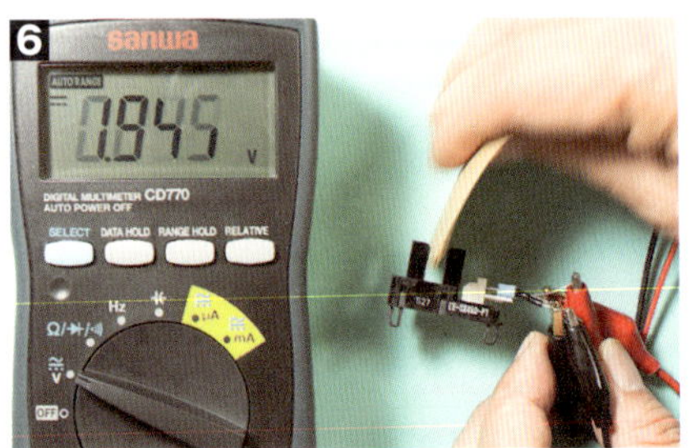

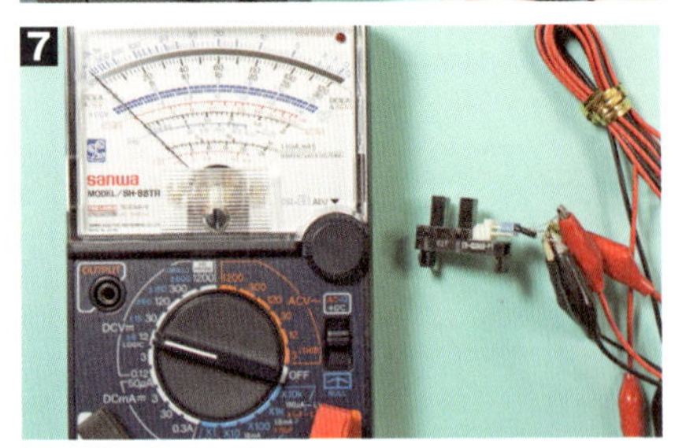

8 先程と同じように、遮光物を素早く入れたり出したりしてみましょう。アナログテスターの反応はデジタルテスターより素早いため、遮光物の動きをより敏感に検出できることがわかります。

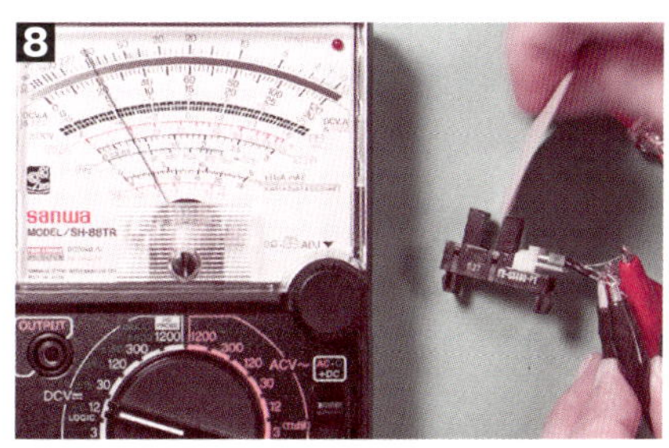

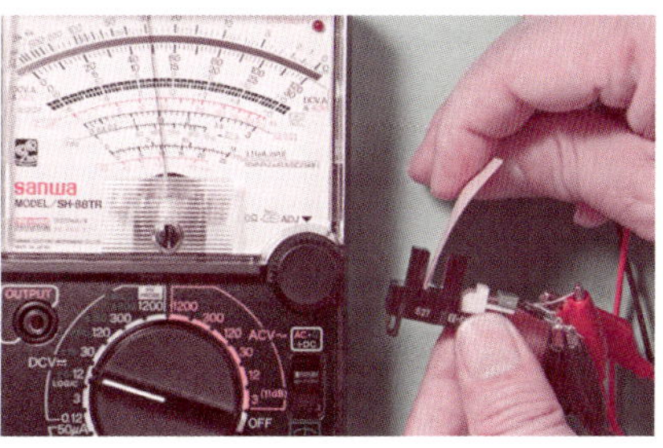

判　定

デジタルテスターは、より正確な値を読み取ることができますが、動きのある値を測定するのには向いていません。一方、アナログテスターは正確な値を検出するのは苦手ですが、変動する値を観測するのに適しているともいえることがこの実験でよくわかります。

COLUMN　フォトダイオードについて

フォトダイオードはPN接合で作られる半導体で、接合部に光を当てると電気を発生する働きがあります。フォトセンサーの中にもフォトダイオードの機能が組み込まれています。また、太陽電池もある意味で大きなフォトダイオードと考えることができますが「フォトダイオード」と呼ばれる素子は、光を信号として利用する機能を特に重視して作られています。

光量を測定する照度計は、フォトダイオードが発生する順方向電圧を検出するように回路設計されています。順方向電圧と光量がリニアな関係にあるからです。デジタル光通信にはフォトダイオードに逆方向電圧を加えることで接合部の静電容量を減少させて高速動作を可能にする回路方式が採用されます。

図3-B　フォトダイオード

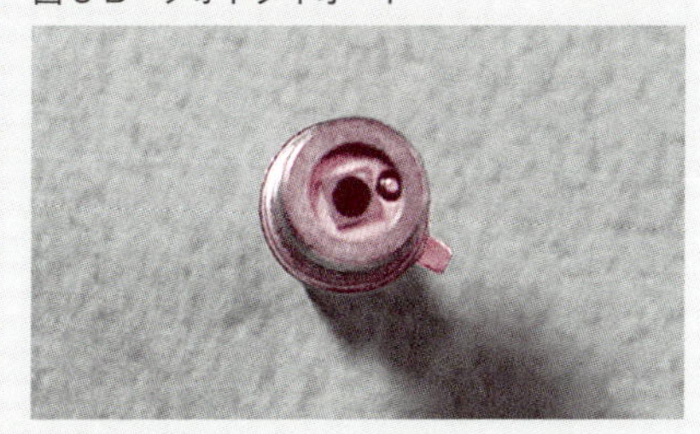

もともと、フォトダイオードとLEDは似た基本構造を持っていて、一方は受光、もう一方は発光の働きが利用されています。いずれも、半導体の中で現れる電気と光の不思議な相互作用が利用されています。

COLUMN

電子写真の原理

これまで見てきたように、半導体の性質を利用した技術はダイオード、トランジスタ、IC などの電子部品ばかりでなく、広範囲に使われています。電子写真の原理もそのひとつです。

金属板の表面を、半導体であるセレン系や有機半導体の薄膜の感光体で覆い、細い電極にマイナスの高電圧をかけるとコロナ放電が発生し、感光体の表面をマイナスに帯電させることができます。

次に感光体の一部に光を露光すると、露光した部分の感光体は電気を通じるようになるため、帯電していた電荷はアースに流れ出てしまいます。

ここで、トナーと呼ばれる細かい粒子を表面に振りかけ、柔らかいブラシで拭き取ると露光されないで電荷が残った部分は、静電気でトナーが付着したまま残り、露光された部分のトナーは拭い取られてしまいます。

感光体に残ったトナーを静電気で紙面に転写します。転写されたトナーは加熱して紙面に定着させて画像を紙面に印写することができます。

この方法は電子写真と呼ばれ、複写機や高速プリンターに使われています。

図 3-C　電子写真の仕組み

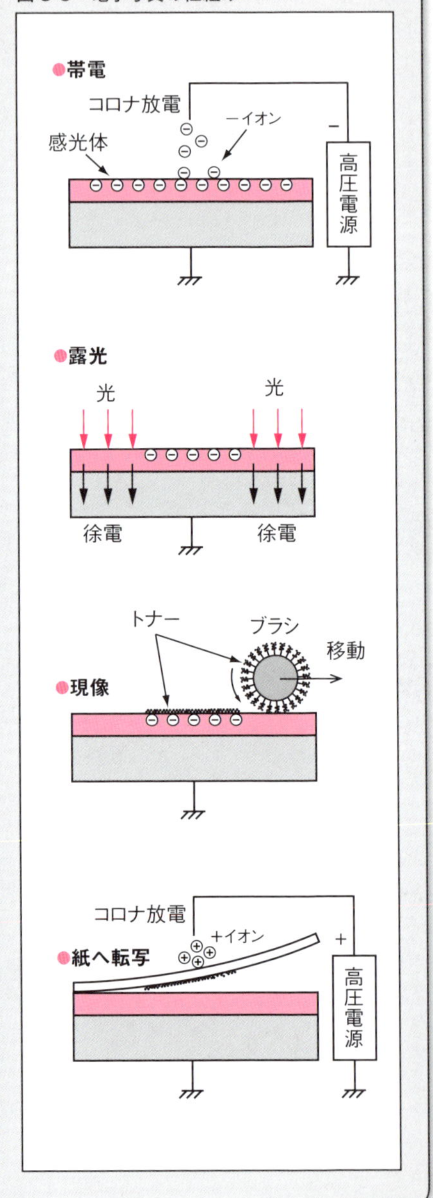

Part 4

番外編

その他の計測器など

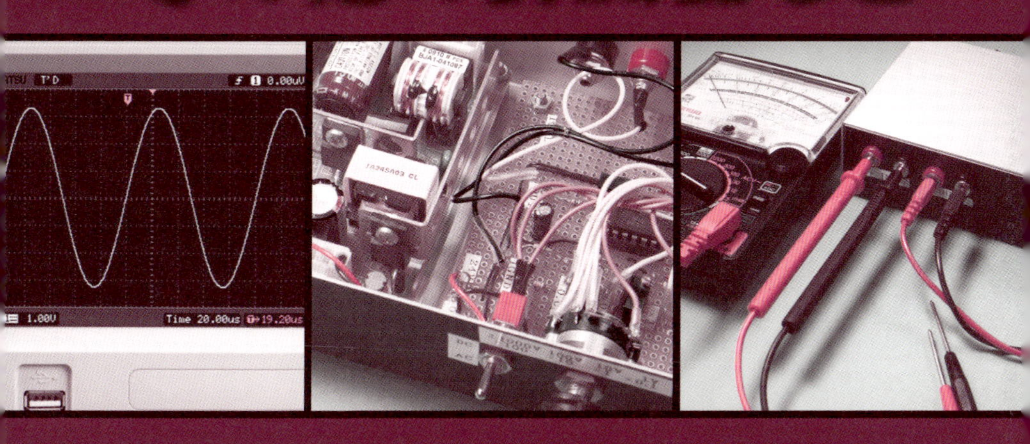

テスターのほかにも、電気関連の計測器にはいろいろな種類があります。ここでは番外編としてそれらの計測器をラインナップ。また、アナログテスターをより強力にするための「高インピーダンス・アダプタ」の作り方もご紹介します。

その他の電気計測器

学ぶ

クランプメーター / 検電器

クランプメーター

一般のテスターは交流電流測定の機能を持っていませんが、クランプメーターは交流電流の大きさを、回路を切断することなく測定することができます。クランプと呼ばれるコアに、測定する線を1本挟んで電流を測定します。測定範囲は、最大2000Aを超えるものからmAクラスまであります。直流電流が測定できる機種もありますが、小さい直流電流の測定は地磁気などの影響のため測定が困難なようです。

なお、特殊な使い方として、往復する電線のすべてを共にクランプすることで漏れ電流測定ができます。往復する電線の電流を加算すれば合計0になるはずですが、途中で漏電していると0にならなくなるためです。

図 4-1-1 クランプメーターの製品例

写真提供：三和電気計器株式会社

検電器

電気工事の際、電路や機器に電気が来ているかどうかを簡単に調べる装置が検電器です。

ドライバーにネオン管と高抵抗を組み込んだ検電ドライバーが従来から使われていますが、最近はLEDランプとブザーが付いた電子検電器に代わってきているようです。

使用に際しては検査する電圧に合った検電器を選択します。検電器の握り部以外に手を触れないように注意を払い、検電器の先端をチェック対象に接触させて使用します。

被覆電線の上から検電できる機種もありますが、被覆への当て方は操作マニュアル通りにしなければなりません。

図 4-1-2　検電器の製品例

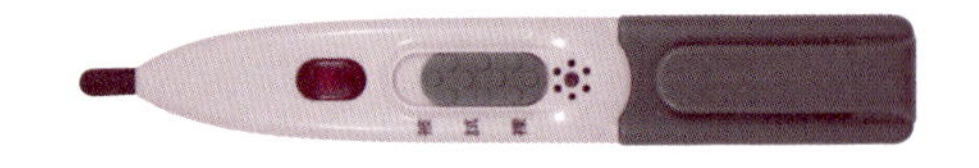

写真提供：三和電気計器株式会社

オシロスコープ

オシロスコープ

電気信号の観測に欠かせないのがオシロスコープ（オシロ）です。変化する電圧を目に見える波形として画面に表示してくれる便利な計測器です。

アナログオシロは、信号が特定の電圧レベルに達したこと（あるいは下がったこと）を引金（トリガ）として輝点（ポット）を掃引することで、繰り返し波形を重ねて表示しますが、デジタルオシロは、メモリに取り込むことができるので、1回限りの現象も捉えることができます。

2現象オシロスコープは、ふたつの信号を並べて表示する機能を持ったオシロです。入力信号と出力信号を比較することができます。2現象よりさらに多くのチャンネルを持ったオシロスコープも発売されています。

オシロスコープの性能は周波数帯域で表され、100MHzのオシロはDCから100MHz付近の周波数まで観測できることを表しています。100MS/sと書かれているデジタルオシロは、サンプリング速度が1秒間あたり1億回ということです。実際の測定対象の波形を忠実に表示できるのは周波数帯域の数分の1以下の周波数までとなってしまいますので注意が必要です。

なお、高速繰り返し波形に時おり乗るノイズや、波形の乱れを観測する場合は、データ処理時間が不要で、ほぼ連続的に波形の残像を表示できるアナログオシロススコープのほうが適している場合もありますので、用途に合ったオシロスコープを選びましょう。

図 4-1-3　デジタルオシロスコープの製品例

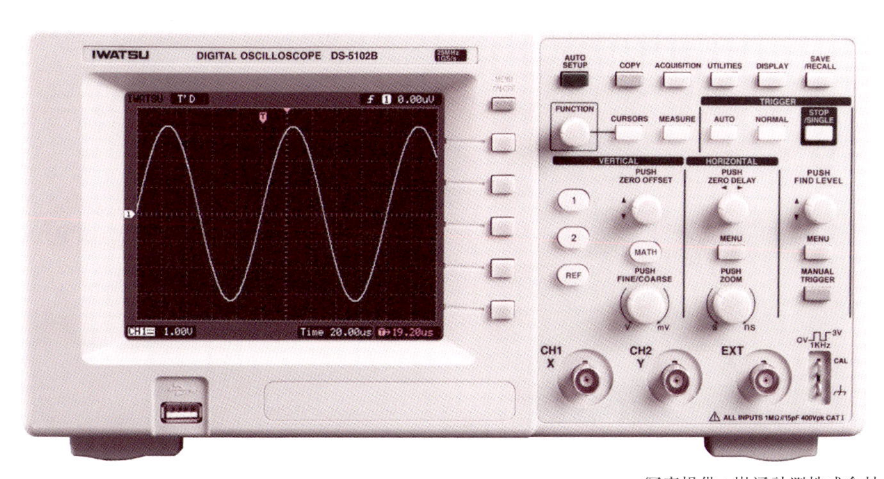

写真提供：岩通計測株式会社

絶縁抵抗計 / 接地抵抗計

絶縁抵抗計

絶縁抵抗計（メガー）は、アースと機器や屋内配線間の絶縁抵抗を測る測定器です。

テスターの抵抗計の電圧は数V程度ですが、メガーは500Vを使って測定するため、絶縁性をより厳しく検査することができます。絶縁抵抗計で測ったアースと機器や屋内配線間の抵抗値は、

1. 電路電圧が300V以下で、対地電圧が150V以下の場合の下限値は0.1MΩ
2. 電路電圧が300V以下のその他の場合の下限値は0.2MΩ

と決められています。

図 4-1-4　絶縁抵抗計の製品例

写真提供：三和電気計器株式会社

接地抵抗計

洗濯機、電子レンジ、電気温水器、200V機器などは、大地に接地するアースが必要です。

図 4-1-5　接地抵抗計の測定方法

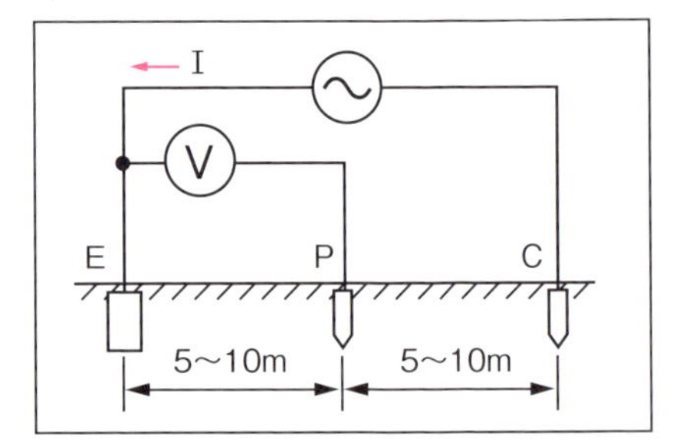

大地に接した電極と大地間の抵抗は接地抵抗計で測ることができます。

接地抵抗計は図4-1-5のように、接地電極Eと電極C間に交流電流Iを流し、補助電極Pの電圧Vを測定することで抵抗Rを求めます。

$$R = \frac{V}{I}$$ （電極間距離：5〜10m）

接地抵抗はD種と呼ばれる区分で100Ω以下と決められています。

図 4-1-6　接地抵抗計の製品例

写真提供：三和電気計器株式会社

絶縁耐圧計

絶縁耐圧計

「耐電圧試験」は、電気製品や部品が、取り扱う電圧に対して十分な絶縁耐力があり、絶縁破壊を起こさないことを確認するための試験です。電気製品による感電事故、火災事故を防止するために、絶縁体の不良を検査するのがこの試験の目的です。

国内向けAC100V機器では、充電部と機体表面間にAC1000V(1分間)を加えても絶縁破壊がないことを確認します。具体的には、電源プラグと、FG(フレームグランド)端子ネジなどの間が試験されます。このとき、電源スイッチはONしておきます。

漏れ電流に関しては規定がありませんが、ノイズフィルターの容量による漏れ電流を考慮して、5mAの検出値が広く適用されているようです。

図 4-1-7　絶縁耐圧計による耐電圧試験

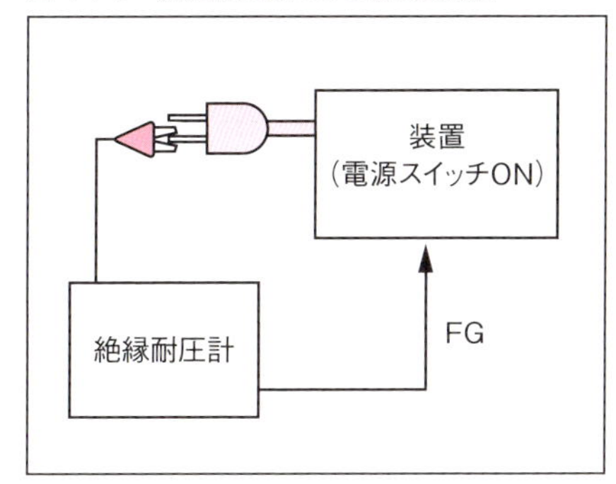

なお、量産製品の場合は、AC1000V(1分)に替え、AC1200V(1秒間)の試験が広く実施されているようですが、法的な根拠がある訳ではないようです。また、中古品の販売事業者にも絶縁耐圧試験が義務化されていましたが、2007年12月21日の改正法では、旧法表示が付された電気用品に関しては検査を要せずにそのまま販売ができるようになりました。

図 4-1-8　絶縁耐圧計の製品例

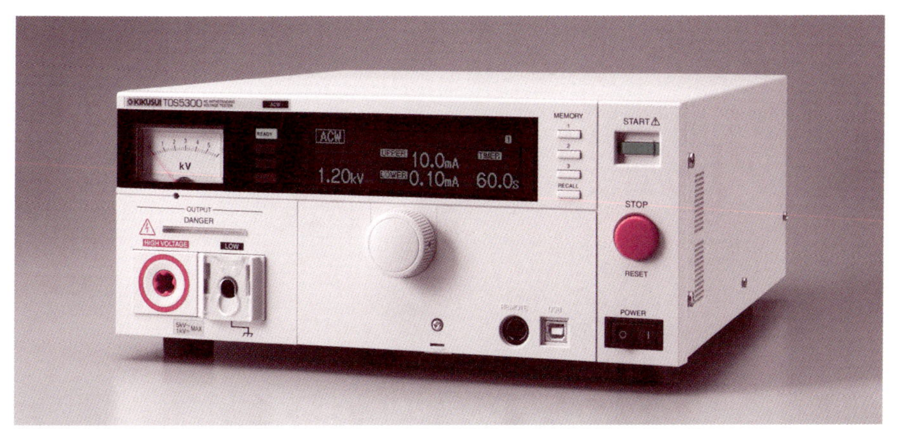

写真提供：菊水電子工業株式会社

アナログテスターをレベルアップ

高インピーダンス・アダプタの電子工作

アナログテスターの弱点

アナログテスターは指針の動きにより測定値の変化を目で見ることができますが、弱点は、高感度テスターの場合でも内部抵抗が20kΩ/V 程度と低いことです。これは、内部抵抗が数MΩ以上もあるデジタルテスターと比較すると、かなり深刻な弱点で、小さな電流しか取り出す余裕のない電子回路にテスト棒を当てると、回路の電圧を引き下げてしまうため正しい測定ができないのです。

そこで、アナログテスターを、より強力なツールにするための高インピーダンス・アダプタを製作してみましょう。高インピーダンス・アダプタは、アナログテスターをデジタルテスター並の高い入力抵抗とすることで、より広範囲な測定に使えることを目的としたアダプタです。

基本原理

図4-2-1は高インピーダンス・アダプタの回路図です。

電源は、市販の小型スイッチング電源（24V）を使います。基板タイプのスイッチング電源でもDCアダプタ型のスイッチング電源でも、出力電流が0.1A以上であれば使えます。

このアダプタの入力抵抗を高くする主役は、入力段が電界効果型トランジスタ（FET）のOPアンプです。

TL084CNは入力抵抗が10^{12}Ωと極めて高いのですが、初段のボルテージフォロワ回路は、これを十分に生かすための回路です。ボルテージフォロワ回路は、OPアンプの出力電圧を、自身のマイナス入力に返す回路方式で、増幅率は1なのですが、入力インピー

図 4-2-1　高インピーダンス・アダプタ回路図

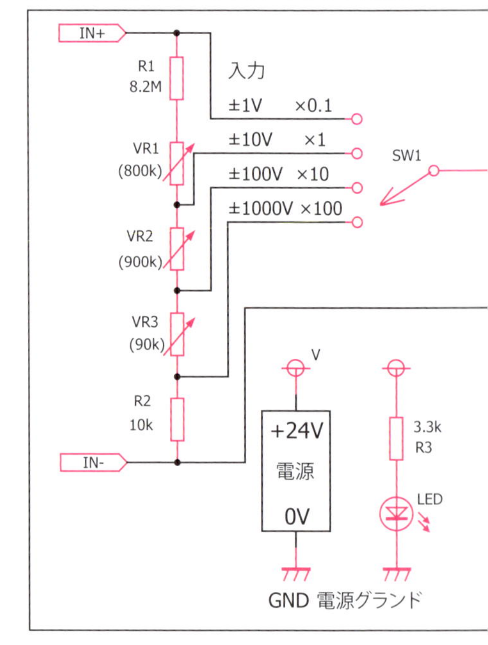

ダンスを高く、出力インピーダンスを低くするために用いられる回路です。

このアダプタのもうひとつの特徴は電源回路です。通常、OPアンプを使う場合、正と負の2電源が必要とされますが、ここでは「仮想グランド」という手を使って、1電源で済ませています。仮想グランドは、実際のグランドではなく、回路上に作りだすグランドです。回路図の下方、R5とR6の中間電圧をOPアンプのプラス入力10番ピンに入れ、出力8番ピンをマイナス入力9番ピンに直結することで、先程と同じくボルテージフォロワです。こうすると、出力電圧が上がろうとすると自分自身に下げられ、下がろうとすると自身に吊り上げられるため、出力電圧はプラス入力の電圧に縛り付けられて動けなくなります。回路全体は、この安定した仮想グランドの上で動くことになります。

回路構成と組み立て方

さて、回路の入力部から見ていくと、入力(IN)の電圧を落とすブリーダー(分圧)回路は1/10の3段構成です。R2の10kΩは市販のカーボン抵抗から精度の高いものを選びます。カラー抵抗器の帯が金色のものは精度5%ですが、最悪±500Ωの誤差があるので、なるべく10kΩに近い抵抗をデジタルテスターで選びます。

90kΩ、900kΩ、9MΩの抵抗は市販されていませんので、VR3の90kΩは100kΩの多回転半固定ボリュームをデジタルテスターで調整して作り出しています。同様にVR2の900kΩとVR1の

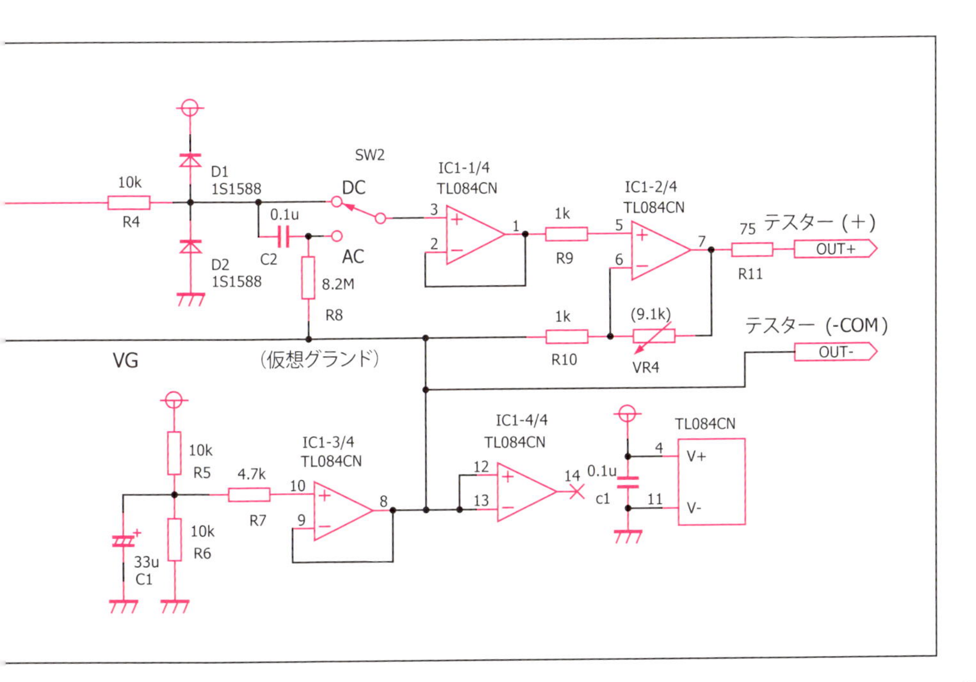

800kΩは1MΩのボリュームで作ります。

D1とD2は過大入力をクリッピング(制限)するダイオードです。

その次のSW2は、DCをそのまま測定する場合と、DCをカットして、変動電圧を観測するためのACモード入力を選択するためのスイッチです。オーディオ信号回路などを観測する場合にDC成分をカットすることができます。

ところで、通常の高インピーダンス・

図4-2-2 高インピーダンス・アダプタの前面

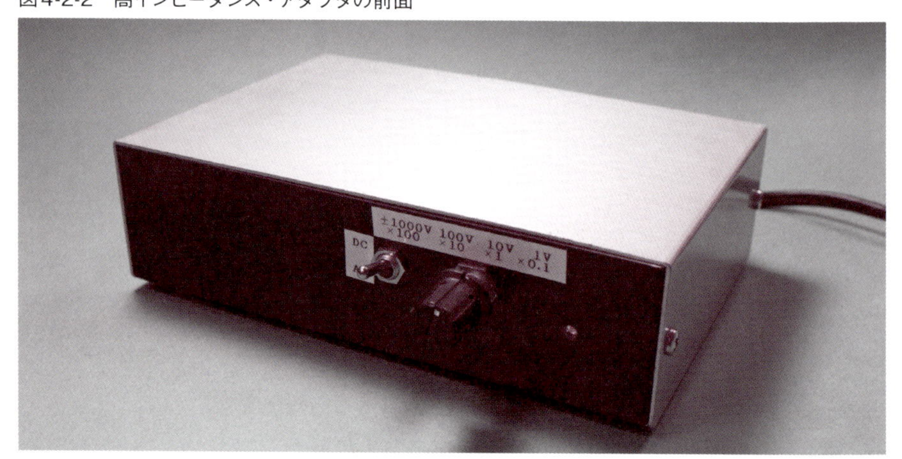

図4-2-3 高インピーダンス・アダプタの内部

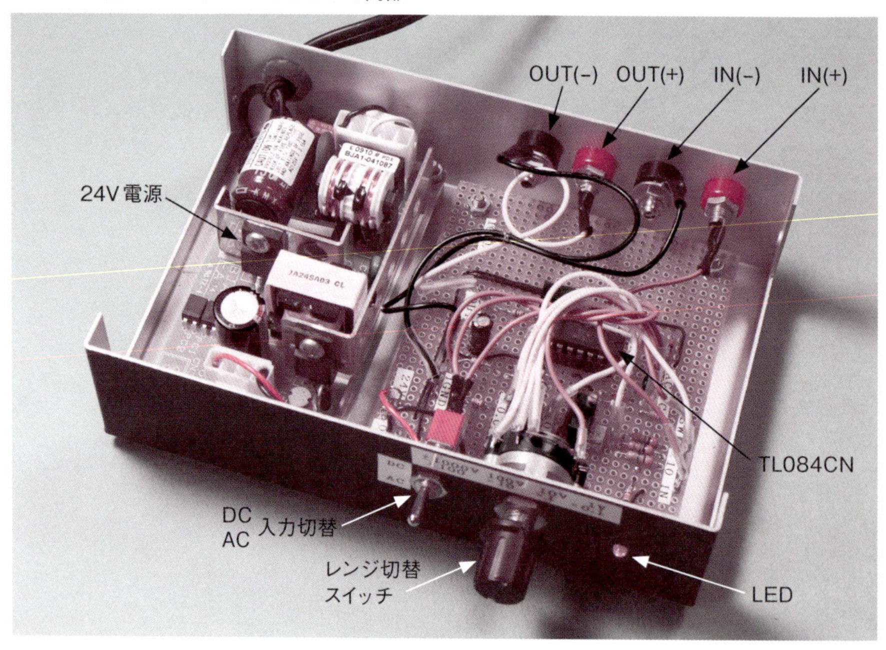

アダプタはボルテージフォロワ回路まででですが、このアダプタは次段が非反転の10倍増幅回路となっています。

OPアンプの出力電圧は、

$$V_{out} = \frac{V_{in} \times (R10 + VR4)}{R10}$$

となります。これにより、感度の低いアナログテスターにも対応できるようになります。またレベルの低いオーディオ信号などの観測も可能となります。ただし、電圧増幅率をあまり高くすることは測定器としては適当ではなく、不安定要素ともなりますので×20以内に留めた方が無難でしょう。入出力のコネクタはテスタージャックを使うとテスター棒がそのまま接続できるため便利です(写真4-2-4)。

アダプタの使い方

この高インピーダンス・アダプタは、入力値がレンジの値を越えないようにレンジをあらかじめ選び、測定結果を×倍して使います。極端に大きな電圧を入力するとアダプタの破損を招く場合があるので注意してください。

たとえば、測定値の最大値が0.5Vの場合は±1Vレンジを選び、読んだ値を×0.1倍してください。測定値が40Vの場合は±100Vレンジを選び、読み取り値を×10倍します。

このアダプタは、プラスだけでなくマイナス電圧も観測できるため、SH-88TR(sanwa)のように、電圧が0のときに指針が中央を示す「センターメーター」

図4-2-4 高インピーダンス・アダプタの背面

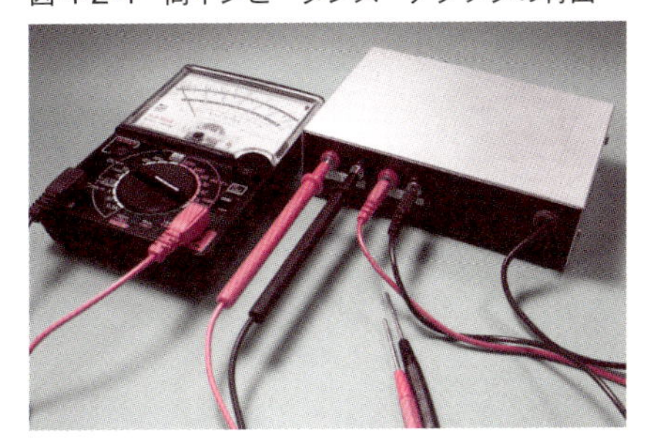

方式のアナログテスターを有効に使うことができます。

また、高入力抵抗の特性を利用した使い方としては、静電気の検出をすることなどもできます。デジタルテスターと違い、指針の動きで電界の強さが目に見えるようになりますから、電気工作に限らず各種実験の強力なツールになるでしょう。

なお、本制作に使用したOPアンプTL08CN4および多回転半固定ボリュームは秋月電子通商※から発売されている部品を使用しました。SW1は1回路4接点以上のロータリースイッチであれば、2回路6接点などでも使えます。その他、ほとんどの部品はごく一般的な部品ですから、秋葉原だけでなく、インターネット通販などで入手することができるでしょう。ケースも市販の15×10×4cm程度のアルミやプラスチック製のケースを使うことができます。

※ http://akizukidenshi.com/catalog/default.aspx

補足：インピーダンスについて

負荷が抵抗器だけの場合、周波数が変わっても抵抗値は変化しませんが、コンデンサ（キャパシタンス）や、コイル（インダクタンス）が回路に入ってくると、周波数によって電流に対する抵抗が変わってきます。コンデンサやコイルの抵抗はリアクタンスと呼ばれます。

周波数　f（Hz）によって、コイルのリアクタンスは、

$$X = 2\pi f L$$

L：インダクタンス（ヘンリー H）

つまり、周波数が2倍になるとコイルの電流に対する抵抗は2倍になります。（図4-2-5）

また、コンデンサのリアクタンスは

$$X = \frac{1}{2\pi f C}$$

C：キャパシタンス（ファラッド F）

つまり、周波数が倍になるとコンデンサの抵抗は半分になります（図4-2-6）。

普通の抵抗値とリアクタンスを合わせた抵抗はインピーダンスと呼ばれます。

抵抗 R と、インダクタンスL と、キャパシタンスC の直列インピーダンスは、

$$Z = \sqrt{R^2 + (2\pi f L - \frac{1}{2\pi f C})^2}$$

となります（図4-2-7）。

図 4-2-5　インダクタンスによるリアクタンス

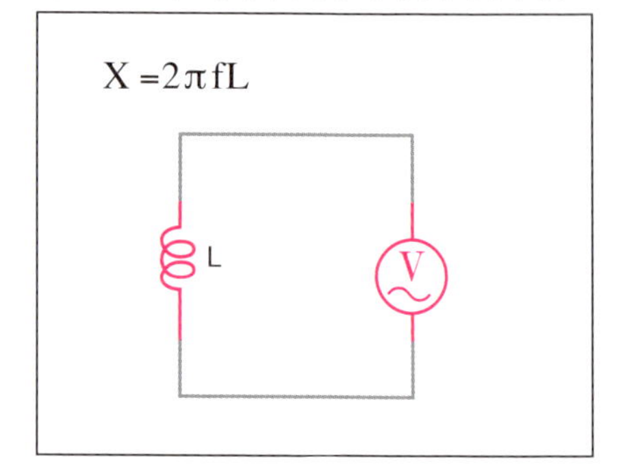

図 4-2-6　キャパシタンスによるリアクタンス

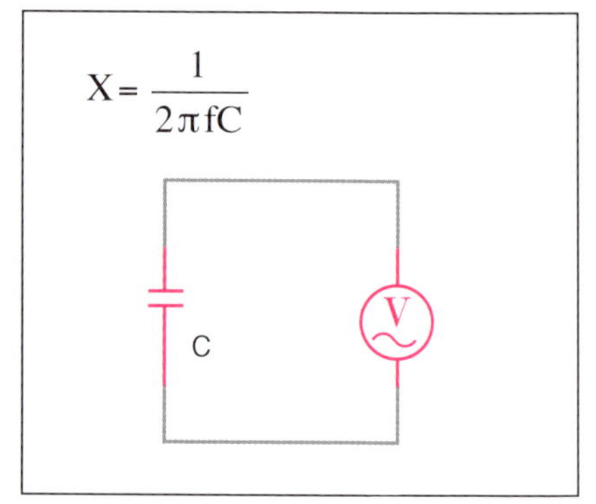

図 4-2-7　R+L+C 直列のインピーダンス

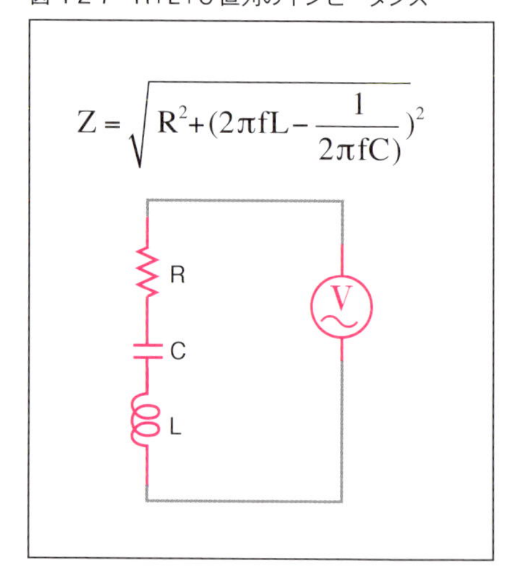

実際の例でリアクタンスやインピーダンスを計算してみましょう。関数電卓やWindowsの電卓で簡単に計算できます。なお、指数の計算例と単位は下記を参考にしてください。

抵抗器による抵抗は、「電圧をかけたときの電流の流れにくさ」だけを表していましたが、インピーダンスは、「電圧を動かしたときの電流変化のしにくさ」を表しています。

大きなインダクタンスのコイルを、抵抗と直列に入れた回路（図4-2-8上）では交流が流れにくいため、テスターで交流電圧を測っても低い電圧しか検出されません。

逆に大きなキャパシタンスのコンデンサと、同じ抵抗を直列に入れた回路（図4-2-8下）では、大きな電圧が検出されることになります。

この傾向は、交流の周波数が高くなるほど顕著に現われてきます。

図4-2-8　インピーダンスの変化

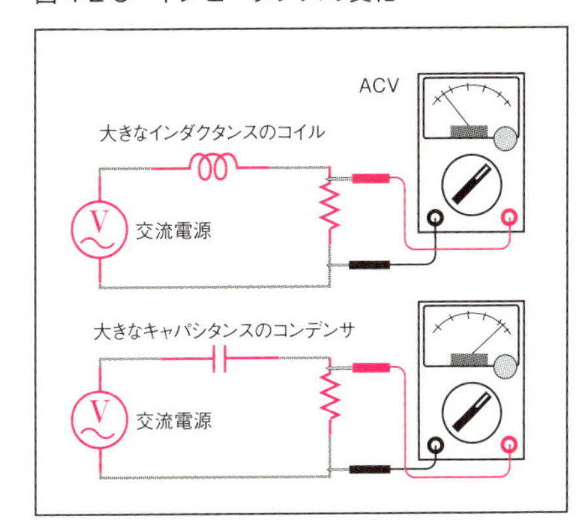

■計算例と単位

例1

周波数1kHzで、10mHのコイルのリアクタンスは、

$$2\pi\times10^3\times10\times10^{-3}=62.8\Omega$$

例2

周波数10kHzで、220pFのコンデンサのリアクタンスは、

$$\frac{1}{2\pi\times10\times10^3\times220\times10^{-12}}=72.3\text{k}\Omega$$

例3

周波数50Hzで、100Ω、0.1μF、500mH直列のインピーダンスは、

$$\sqrt{100^2+\left\{2\pi\times50\times500\times10^{-3}-\frac{1}{(2\pi\times50\times0.1\times10^{-6})}\right\}^2}=31.7\text{k}\Omega$$

指数の乗算の例
$10^3\times10^{-10}=10^{-7}$

指数の除算の例
$10^2\div10^8=10^{-6}$

単位	
M（メガ）	10^6
k（キロ）	10^3
m（ミリ）	10^{-3}
μ（マイクロ）	10^{-6}
n（ナノ）	10^{-9}
p（ピコ）	10^{-12}

INDEX：索引

アルファベット&数字

ア

カ

サ

タ

ナ

ハ

マ

ラ

■ 著者紹介

市川清道（いちかわ　きよみち）

1949年　長野県中野市生まれ。明治大学政治経済学部卒業。事務機器製造販売会社、キヤノン株式会社複写機開発部、事務機器開発会社役員等を経て市川設計設立。主な開発機器に「省庁及び自治体向け自動認証連動機」「銀行における受付呼び出しシステム」「帳票発行システム」など。WEBサイト「負けるな日本の技術開発力」を運営。

■ 制作スタッフ

● 装　丁　　吉川　淳
● マンガ　　若(わか)
● 編　集　　大野　彰
● 作図＆DTP　株式会社オリーブグリーン
● 制作協力　三和電気計器株式会社
　　　　　　常深信彦

テスターの職人技（しょくにんわざ）

2015年8月25日　初版　第1刷発行
2022年8月 9 日　初版　第2刷発行

著　者　市川清道
発行者　片岡　巖
発行所　技術評論社
　　　　東京都新宿区市谷左内町21-13
　　　　電話　03-3513-6150　販売促進部
　　　　　　　03-3267-2270　書籍編集部
印刷／製本　港北メディアサービス株式会社

定価はカバーに表示してあります

ISBN978-4-7741-7472-3 C3054
Printed in Japan

本書の内容に関するご質問は、下記の宛先まで書面にてお送りください。お電話によるご質問および本書に記載されている内容以外のご質問には、お答えできません。あらかじめご了承ください。

〒162-0846
新宿区市谷左内町21-13
株式会社技術評論社 書籍編集部
「テスターの職人技」係
FAX：03-3267-2271